Bibliografische Information der Deutschen Nationalbibliothek:

Die Deutsche Bibliothek verzeichnet diese Publikation in der Deutschen Nationalbibliografie; detaillierte bibliografische Daten sind im Internet über http://dnb.d-nb.de/ abrufbar.

Impressum:

Druck und Bindung: Books on Demand GmbH, Norderstedt Germany
ISBN: 9783668797710

Ferry Schütz

Quantitative Analyse der Wettbewerbsfähigkeit kleiner und mittlerer Unternehmen in Österreich

GRIN Verlag

Inhaltsverzeichnis

Abbildungsverzeichnis

Tabellenverzeichnis

1. Einleitung

1.1 Ausgangslage und Problemstellung

Auch wenn kleinere und mittlere Unternehmen (KMU) weniger stark wahrgenommen werden, gebührt ihnen eine volkswirtschaftlich höhere Beachtung als den sogenannten Großunternehmen. In Österreich zählen 99,7% aller Unternehmen zur Gruppe der KMU, häufig auch als der Mittelstand bezeichnet. Etwa zwei Drittel der Beschäftigten und des unternehmerischen Gesamtumsatzes stehen in Österreich auf der Habenseite dieser Unternehmensgruppe.[1] Es wundert daher nicht, dass die KMU auch häufig als das Rückgrat der Wirtschaft bezeichnet werden. Dies gilt nicht nur in Österreich, die aufgezeigten Zahlen ähneln sich in fast allen Ländern der EU, so auch in Deutschland.[2] Die Fragestellung nach relevanten Faktoren für die Wettbewerbsfähigkeit dieser Unternehmen ist somit von weitreichendem Interesse, nicht nur für die im Rahmen dieser Arbeit behandelte österreichische Wirtschaft.

KMU stehen vor einer Vielzahl ökonomisch motivierter Fragestellungen. Diese Arbeit soll darstellen, um welche Fragestellungen es sich hierbei handelt und wie die österreichischen KMU dazu stehen. Hierzu wird im Rahmen dieser Arbeit der Datensatz einer schriftlichen Befragung von 500 Geschäftsführern österreichischer KMU aus dem Jahr 2005 analysiert.

1.2 Überblick über die Arbeit

Zur Gewährleistung eines besseren Verständnisses sowie einer fachlichen Einordnung dieses Hausarbeitsthemas, werden in Kapitel 2 zunächst theoretische Grundlagen geschaffen. Hierzu wird die Gruppe der KMU zunächst genauer definiert und im Anschluss deren Relevanz für die österreichische Marktwirtschaft dargestellt. Kapitel 2 schließt mit einer Ableitung von Fragestellung, die im weiteren Verlauf der Arbeit beantwortet werden sollen.

In Kapitel 3, dem empirischen Teil dieser Arbeit, wird die Datensatzanalyse des Fragebogens vorgenommen, welcher im Jahr 2005 von 500 Geschäftsführern österreichischer KMU ausgefüllt wurde. Hierbei wird im ersten Schritt die Branchen- und Länderverteilung sowie die Verteilung nach Betriebsgrößenklassen, inklusive der jeweiligen Gewinnentwicklung, dargestellt und analysiert. Im Anschluss werden die wichtigsten Herausforderungen dargestellt, denen sich die KMU in Österreich, gemäß den Ergebnissen der Umfrage, gegenüberstehen sehen. Des Weiteren

[1] Vgl. *Neubauer T., Zoder M.* (2016), S.3

[2] Vgl. *Immerschnitt W., Stumpf M.* (2014), S.17

werden die wichtigsten Faktoren zum Erhalt der Wettbewerbsfähigkeit aufgrund interner Funktionen sowie unternehmensspezifischer Kompetenzen dargestellt.

Im Anschluss an den deskriptiven Teil, werden in Kapitel 3 darüber hinaus diverse inferenzstatistische Untersuchungen durchgeführt. Hierbei geht es zunächst um die Fragestellung, welche Managementkonzepte einen Zusammenhang zum Einsatz eines Qualitätsmanagements aufweisen. Des Weiteren wird untersucht, welche unterschiedlichen Erfahrungen zwischen erfolgreichen- und nicht erfolgreichen KMU beim Einsatz bestimmter Managementkonzepte bestehen. Nach Gruppierung der teilnehmenden Unternehmen in die Branchengruppen „Produktion", „Handel" und „Datenverarbeitung und Dienstleistung", wird zudem untersucht, ob zwischen diesen Gruppen signifikante Unterschiede in der jeweils angegebenen Gewinnentwicklung bestehen. Für den Datensatz werden darüber hinaus Reliabilitäts- und Faktorenanalysen durchgeführt, die ebenfalls im dritten Kapitel beschrieben werden.

In Kapitel 4 werden die im vorhergehenden Kapitel dargestellten Ergebnisse vor dem Hintergrund der in Kapitel 2 abgeleiteten Fragestellungen sodann diskutiert und interpretiert.

Die Arbeit schließt mit einer Zusammenfassung und einem Fazit zur praktischen Relevanz der Ergebnisse ab.

Ein Auszug des Fragebogens ist im Anhang dieser Arbeit zu finden.

2. Theoretische Grundlagen

2.1 Begriffserörterung „KMU"

Kleine und mittlere Unternehmen werden im deutschsprachigen Raum häufig als „KMU" abgekürzt. Ebenso werden jedoch auch die Begriffe Mittelstand und „SME" genutzt. Letzteres steht für „small and mediumsized enterprises" und ist das angelsächsische Äquivalent für KMU.[3]

Wann jedoch kann man per Definition von einem KMU sprechen?

In der Literatur finden sich unterschiedliche Ansätze zur konkreten Definition dieser Unternehmensgruppe, sehr häufig werden jedoch die quantitativen Abgrenzungskriterien der Mitarbeiterzahl sowie des Jahresumsatzes herangezogen. So spricht man in Deutschland von einem KMU, wenn das Unternehmen auf weniger als 50 Mio. Euro Jahresumsatz bei weniger als 500 Mitarbeitern kommt. In Österreich gilt, bei gleich definierter Jahresumsatzgrenze, die Schranke von

[3] *North K., Vavakis G.* (2016), S.1

249 Mitarbeitern, unter der ein Unternehmen noch zu den KMU zählt.[4] Dies entspricht auch der Definition der Europäischen Union, welcher wir im Rahmen dieser Arbeit Folge leisten.

Tabelle 1 zeigt die durch die Europäische Kommission vorgenommene Unterteilung nach Unternehmensgrößen auf. Die KMU bilden hierbei die Kleinst- bis Mittleren Unternehmen. Hier zeigt sich auch, dass wir im Umkehrschluss ab einer Mitarbeiterzahl von 250 oder einem Jahresumsatz über 50 Mio. Euro von einem Großunternehmen sprechen. Im Gegensatz zu den KMU reicht hier also die Erfüllung eines dieser quantitativen Kriterien.

Gößenklasse	**Mitarbeiteranzahl**	Operator	**Jahresumsatz**
Kleinstunternehmen	bis 9	UND	bis 2 Mio. Euro
Kleine Unternehmen	bis 49	UND	bis 10 Mio. Euro
Mittlere Unternehmen	bis 249	UND	bis 50 Mio. Euro
Großunternehmen	über 249	ODER	über 50 Mio. Euro

Tabelle 1: Unterteilung in Unternehmensgrößenklassen gemäß der Europäischen Kommission[5]

2.2. Die Relevanz von KMU für die österreichische Wirtschaft

Wie in der Einleitung dieser Arbeit bereits erwähnt, zählen mit Stand 2014 in Österreich etwa 99,7% aller Unternehmen zur Gruppe der KMU. In absoluten Zahlen gesprochen entspricht dies etwa 327.000 Unternehmen, welche über 1,9 Mio. Mitarbeiter beschäftigen. Der Gesamtumsatz dieser Unternehmen belief sich im Jahr 2014 auf rund 456 Mrd. Euro, womit die KMU für die österreichische Wirtschaft einen Bruttowertschöpfungsbeitrag von etwa 61% erzielen konnten.[6]

In Österreich zählen rund 87 Prozent der KMU zu den Kleinstbetrieben, viele davon sind Ein-Personen-Unternehmen. Etwa elf Prozent fallen auf die Kleinen Unternehmen zurück, wodurch lediglich zwei Prozent der österreichischen KMU mehr als 49 Beschäftigte zählen.[7] Aus der hohen Anzahl von Kleinstbetrieben ergibt sich der volkswirtschaftliche Vorteil, dass eine rasche Reaktion auf wirtschaftliche Veränderungen möglich ist. Kleine Unternehmen sind häufig flexibler als Großunternehmen, unterliegen jedoch in den Handlungsmöglichkeiten häufig finanziellen Beschränkungen bei gegebenenfalls notwendigen Investitionen.[8] Eine Aussage über die tat-

[4] Vgl. *Immerschnitt W., Stumpf M.* (2014), S.18

[5] in Anlehnung an *Söllner R.* (2014), S.41

[6] Vgl. *Neubauer T., Zoder M.* (2016), S. 14

[7] Vgl. *BMDW* (2018)

[8] *Lombriser R., Abplanalp P., Wernigk K.* (2011), S.7

sächliche Innovations- und Anpassungsfähigkeit der österreichischen Wirtschaft kann aus dieser Ableitung daher nicht getroffen werden. Österreichs KMU's spielen darüber hinaus für die inländische Lehrlingsausbildung eine bedeutende Rolle. Nahezu zwei Drittel aller Lehrlinge werden im österreichischen Mittelstand ausgebildet.[9]

2.3. Besondere ökonomische Herausforderungen österreichischer KMU

Die wirtschaftliche Entwicklung der österreichischen KMU ist seit der Wirtschaftskrise der Jahre 2008/2009 tendenziell positiv gewesen. So zeigt ein Bericht der österreichischen Wirtschaftskammer aus dem Jahr 2018 auf, dass die Zahl der Beschäftigten, der Umsatz sowie die Bruttowertschöpfung, in den Jahren 2009 bis 2014 stetig gestiegen sind.[10] Dieser Trend wird in *Abbildung 1* dargestellt.

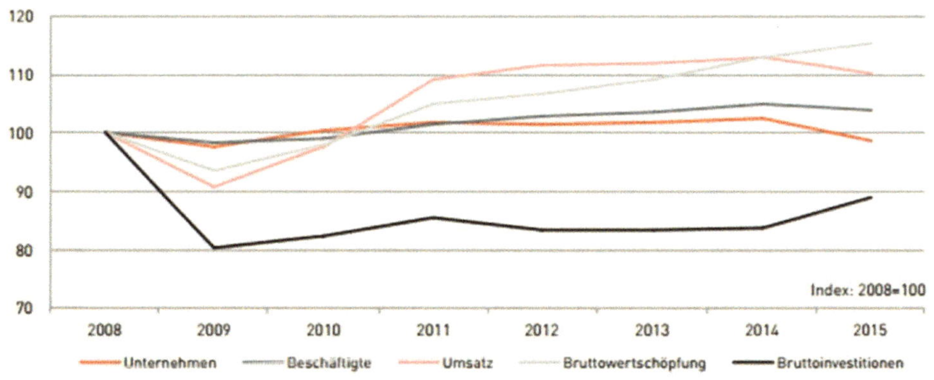

Abbildung 1: wirtschaftliche Entwicklung österr. KMU 2008 – 2015 (Quelle: *WKO* (2018))

In *Abbildung 1* wird außerdem deutlich, dass es im Jahr 2015 zu einem kleinen Umsatzeinbruch kam und nicht wenige KMU ihr Unternehmen liquidieren mussten. Demgegenüber steht ein verhältnismäßig starker Anstieg der Bruttoinvestitionen im Jahr 2015. Wie ist dieser gegenläufige Trend zu erklären?

Die Globalisierung wird durch eine stark zunehmende Digitalisierung und eine stetig steigende Vernetzung zwischen Unternehmen und Verbrauchern von Jahr zu Jahr schneller vorangetrie-

[9] Vgl. *WKO* (2018), S.7

[10] Vgl. *WKO* (2018), S. 13

ben.[11] Auch vor den österreichischen KMU macht der globale Wettbewerb nicht halt. Es gilt, der Marktmacht der national-, wie international agierenden Großunternehmen zu widerstehen.
Im Folgenden werden die besonderen ökonomischen Herausforderungen österreichischer KMU, unter den dargelegten Rahmenbedingungen vorgestellt.

Demographischer Wandel und Fachkräftemangel

Es steht außer Frage, dass die Beschäftigten eines Unternehmens zu den wohl wichtigsten Ressourcen zählen. In kleineren Unternehmen macht sich dies besonders bemerkbar, da hier der Ausfall eines wertvollen Mitarbeiters schwerer zu kompensieren ist, als in Großunternehmen. Dennoch fällt es größeren Unternehmen oft leichter Personal zu rekrutieren, insbesondere durch Nutzung der technologischen Möglichkeiten des Personalmarketings. Kleine Unternehmen können sich Investitionen in diesem Bereich häufig nicht leisten, so dass es zu einer zunehmenden Verschiebung des Arbeitsangebots kommt. Darüber hinaus wird das quantitative Potential zukünftiger Arbeitnehmer auch durch den demographischen Wandel zunehmend eingeschränkt. Dies führt in Summe zu einem erhöhten Fachkräftemangel bei den KMU, nicht nur in Österreich, sondern in beinahe allen Industrienationen innerhalb der Europäischen Union.[12]

Digitalisierung

Die Digitalisierung ist zweifellos eines der wichtigsten betriebswirtschaftlichen Zukunftsthemen. Auch politisch wurde dies bereits erkannt und so wurde Anfang des Jahres 2018 das ehemalige Bundesministerium für Wissenschaft, Forschung und Wirtschaft in „Bundesministerium für Digitalisierung und Wirtschaftsstandort", kurz BMDW, umbenannt. Auch in Deutschland gibt es politisch ähnliche Bestrebungen, um der Relevanz dieses Trends gerecht zu werden. Im Rahmen der Globalisierung und zunehmenden Internationalisierung der Märkte steht es außer Frage, dass die Wettbewerbsfähigkeit der Unternehmen unmittelbaren Einfluss auf die wirtschaftliche Entwicklung des gesamten Landes hat.
Für KMU ist der Digitale Wandel eine besondere Herausforderung, da finanzielle und personelle Ressourcen meist nicht in gleichem Maße zur Verfügung stehen wie in Großunternehmen. Zur Erschließung neuer Märkte, kann die Einbindung der Digitalisierung in die Unternehmensprozesse auf Grund geringerer finanzieller und personeller Ressourcen zu größeren Herausforderungen führen.[13] Andererseits bietet der digitale Wandel gerade auch für KMU vielfältige Möglichkeiten, wie etwa die Erschließung neuer Märkte sowie die Optimierung verwaltender und logistischer Funktionen.

---

[11] *Feldmeier G., Lukas W., Simmet H.* (2015), S.19

[12] Vgl. *KMU Forschung Austria* (2018)

[13] Vgl. *Neubauer T., Zoder M.* (2016), S.63

Bürokratie

Im Rahmen einer Studie der Wirtschaftskammer Österreich wurde festgestellt, dass sich die Geschäftsführer österreichischer KMU verhältnismäßig stark über finanzielle und zeitliche Belastungen klagen, welche durch staatlich auferlegte bürokratische Tätigkeiten entstehen. Insbesondere die Rechtvorschriften des Arbeitszeit-, Arbeitsschutz- sowie des Steuerrechts machten den Unternehmern scheinbar zu schaffen. Die Bindung von Personal zur Abwicklung dieser Aufgaben macht sich in kleineren Unternehmen natürlich stärker bemerkbar als in Großunternehmen.[14]

2.4. Zusammenfassung und Ableitung von Fragestellungen

Mit einem überwältigenden Anteil von 99,7 Prozent wird die österreichische Wirtschaft von den Kleineren und Mittleren Unternehmen geradezu geprägt. Etwa zwei Drittel der österreichischen Arbeitsplätze werden durch KMU gesichert. Es ist daher von großem Interesse zu untersuchen, welche Herausforderungen die Geschäftsführer österreichischer KMU selbst erkannt haben und ob sich diese mit den eben diskutierten Herausforderungen decken.

Durch den vermehrten Wettbewerb im Rahmen der Globalisierung und Digitalisierung bekommen die Kunden eine stärkere Position in der Selektion der Anbieter. Zu untersuchen gilt es demzufolge, inwiefern die Geschäftsführer ihre internen Funktionen und unternehmensspezifischen Kompetenzen an dieser Tatsache ausrichten. Darüber hinaus erhöhen der demographische Wandel sowie die Zunahme an Möglichkeiten für einen Berufswechsel das Risiko für einen Fachkräftemangel. Auch hier gilt es einen Blick auf die Einschätzungen der befragten österreichischen Geschäftsführer zu werfen. Darüber hinaus wird im folgenden Kapitel untersucht, welche weiteren Faktoren einen Einfluss auf den Erfolg der befragten KMU hatten.

3. Datenanalyse der Umfrageergebnisse

Nachfolgend wird der in der Einleitung dieser Arbeit erwähnte Datensatz der IMAD GmbH analysiert. Die Daten stammen aus einer Erhebung, die im Jahr 2005 unter Befragung der Geschäftsführer von 500 österreichischen KMU stattgefunden hat. Ein Auszug des genutzten Fragebogens befindet sich in den Anlagen dieser Arbeit.

---

[14] Vgl. *WKO Wirtschaftskammern Österreichs* (2017), S.2

3.1. Deskriptive Analyse

3.1.1. Branchenverteilung

Zunächst wird die Branchenverteilung der befragten Unternehmen vorgestellt. Hierbei zeigt sich, dass die „Erbringung von unternehmensbezogenen Dienstleistungen“ mit 135 Nennungen und damit 27 Prozent der befragten Unternehmen, die meistangegebene Branche ist, knapp gefolgt von „Einzelhandel und Reparatur von Gebrauchsgegenständen“, was zu 26,6 Prozent und damit 133mal angegeben wurde. Auch das Bauwesen ist mit 13,6 Prozent noch stark vertreten. 68 Unternehmen gaben an dieser Branche angehörig zu sein. Zusammen machen diese drei Branchen 67,2 Prozent und damit über zwei Drittel der befragten Unternehmen aus. Am seltensten wurde mit drei Nennungen und damit 0,6 Prozent der Grundgesamtheit die Branche „Herstellung von Chemikalien und chemischen Erzeugnissen“ angegeben. Die restlichen acht Branchen befinden sich prozentual im jeweils einstelligen Bereich und können *Abbildung 2* entnommen werden.

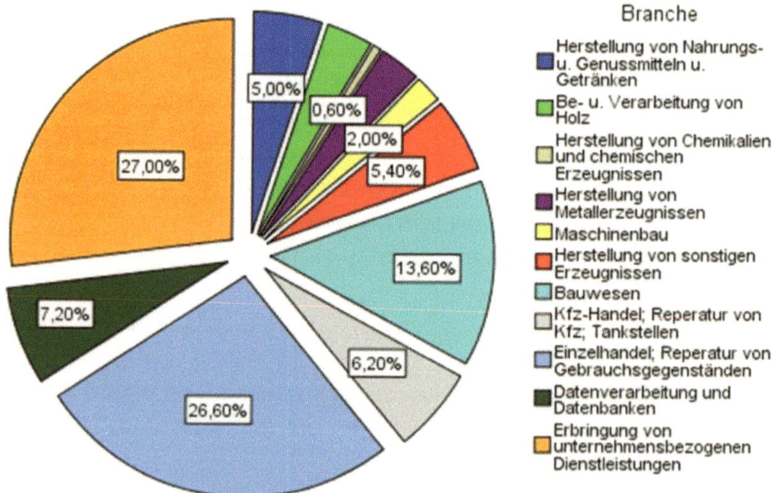

Abbildung 2: Branchenverteilung österreichischer KMU

3.1.2. Länderverteilung

Differenziert nach Ländern sind die meisten österreichischen KMU in Wien ansässig. 22 Prozent und damit 110 der befragten Geschäftsführer gaben an, dass ihr Firmensitz in der Hauptstadt Österreichs ist. Mit 18,2 Prozent sind absolut betrachtet 91 Unternehmen in Niederösterreich angesiedelt, die zweithäufigste Angabe innerhalb der Befragung. Am dritthäufigsten wurde, mit 13,6 Prozent und damit 68 Nennungen, das Bundesland Oberösterreich angegeben, gefolgt von Steiermark, welches bei einer relativen Nennungshäufigkeit von 12,4 Prozent genau 62mal angegeben wurde. Die Verteilung für die restlichen Bundesländer kann der *Abbildung 3* entnommen werden.

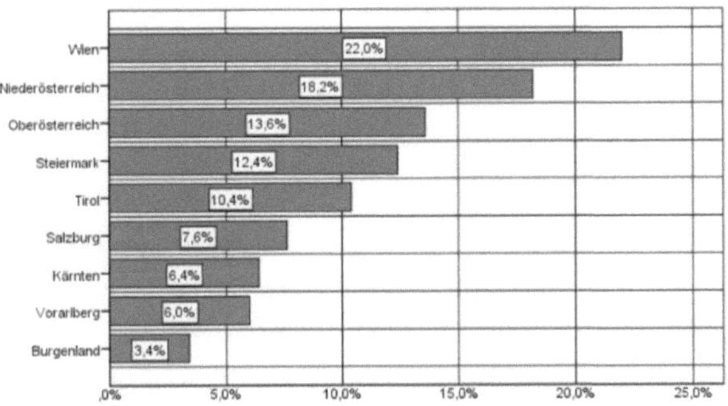

Abbildung 3: Verteilung österreichischer KMU nach Bundesländern

Auffällig ist, dass die im Rahmen der vorliegenden Datenerhebung vorgefundene Verteilung der KMU in etwa auch der Verteilung der Bevölkerung zwischen den österreichischen Bundesländern entspricht. Diesen Umstand visualisiert *Abbildung 4*.

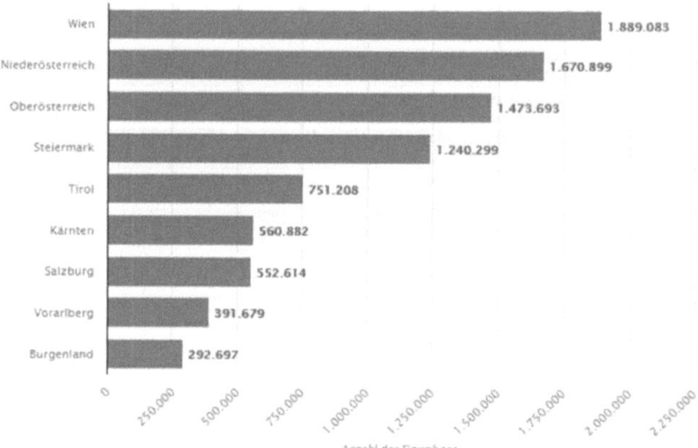

Abbildung 4: Verteilung der österreichischen Bevölkerung nach Bundesländern (Quelle: Statista (2018))

Lediglich Kärnten und Salzburg tauschen im Vergleich der beiden Abbildungen ihren Rang, da für Salzburg, trotz geringerer Einwohnerzahl, mehr KMU registriert wurden als für Kärnten. Deutlich wird jedoch auch, dass im Burgenland verhältnismäßig wenige KMU angesiedelt sind. Der Balkenausschlag ist in *Abbildung 3* bei diesem Bundesland deutlich geringer ausgeprägt als in *Abbildung 4*, welche die Bevölkerungsverteilung in Österreich visualisiert. Nichtsdestotrotz kann insgesamt von einer guten Repräsentativität der Umfragedaten in Bezug auf die gesamtwirtschaftliche Lage in Österreich gesprochen werden.

3.1.3. Verteilung nach Betriebsgrößenklassen

Von den 500 befragten Unternehmen haben 495 ihre Betriebsgröße angegeben. Die folgenden relativen Angaben beziehen sich daher nicht mehr auf die Grundgesamtheit von 500 Betrieben, sondern lediglich auf 495 Betriebe. Von diesen zeigte sich bei der Verteilung nach Betriebsgrößenklassen, dass 72,7 Prozent zu den Kleinstunternehmen mit bis zu neun Mitarbeitern zählen. Dies entspricht 360 der 495 Unternehmen, die eine Angabe zur Betriebsgröße gemacht haben. Die Kleinunternehmen mit zehn bis 49 Mitarbeitern kommen bei 118 Nennungen auf 23,8 Prozent, während die Mittleren Unternehmen mit über 49 Mitarbeitern nur auf 3,4 Prozent kommen. Absolut bedeutet dies, dass von den 495 Unternehmen, die Angaben zur Betriebsgröße gemacht haben, lediglich 17 Unternehmen mehr als 49 Mitarbeiter beschäftigen. *Abbildung 5* stellt den dargestellten Sachverhalt noch einmal grafisch dar.

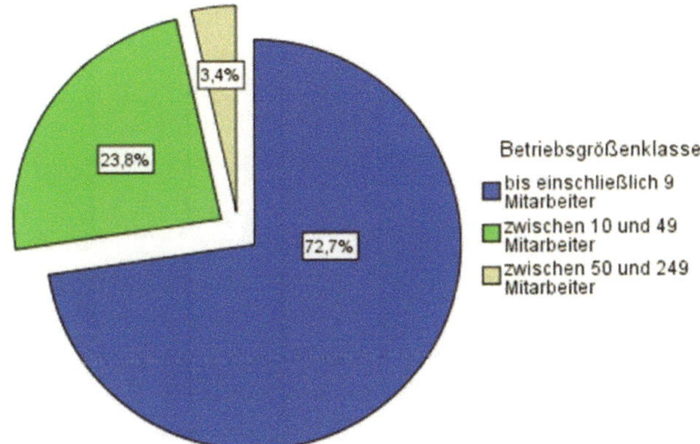

Abbildung 5: Verteilung österreichischer KMU nach Betriebsgrößenklassen

3.1.4. Gewinnentwicklung

Folgend wird die Entwicklung des Gewinns vor Steuern in Abhängigkeit der Branche, Betriebsgrößenklasse und des Bundeslandes über die letzten fünf Jahre dargestellt. Die Unternehmer wurden hierzu befragt, wie sich der Gewinn vor Steuern in den letzten fünf Jahren entwickelt hat. Hierzu war anzugeben, ob es eine Zu- oder Abnahme gegeben hat, oder ob der Gewinn gleichgeblieben ist. Bei den Feldern für Zu- oder Abnahme des Gewinns war darüber hinaus auch eine geschätzte prozentuale Entwicklung anzugeben. In der Auswertung in Abhängigkeit von Branche, Betriebsgrößenklasse und des Bundeslandes werden diese Zusatzangaben nicht berücksichtigt.

Von den 500 befragten Geschäftsführern haben 473 eine Angabe zur Gewinnentwicklung gemacht. Die fehlenden 27 Unternehmen wurden für die Auswertung der Gewinnentwicklung folglich auch nicht weiter berücksichtigt. 219 Geschäftsführer gaben an, dass ihre Gewinne vor Steuern in den letzten fünf Jahren gleichgeblieben sind. Dies entspricht 46,3 Prozent der Grundgesamtheit von 473 Unternehmen, bei denen eine Angabe zur Gewinnentwicklung vorgenommen wurde.

Die *Abbildungen 6* und *-7* stellen Boxplots der Unternehmen dar, die eine prozentuale Angabe zur Zu- oder Abnahme des Gewinns gemacht haben. *Abbildung 6* visualisiert hierbei die Angaben zur Gewinnabnahme, welche von insgesamt 113 Geschäftsführern gemacht wurde. Hierbei liegt der Median der KMU mit einer Gewinnabnahme bei 20 Prozent. 25 Prozent der Werte liegen im unteren Quantil zwischen zehn und 20 Prozent, das obere Quartil mit weiteren 25 Prozent der Werte liegt zwischen 20- und 30 Prozent Der untere Whisker liegt bei zwei Prozent, der obere Whisker bei 60 Prozent. Darüber gibt es nur noch einen Ausreißer, welcher ein Unternehmen mit einer angegebenen Gewinnabnahme von 70 Prozent betrifft.

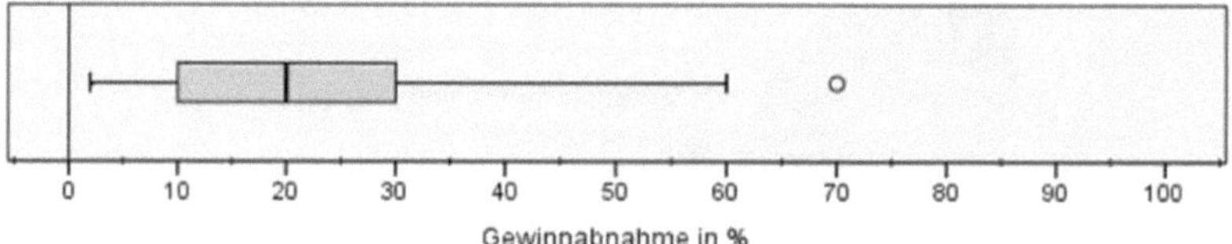

Abbildung 6: Boxplot zur angegebenen Gewinnabnahme der befragten KMU

Der Boxplot für die Gewinnzunahme ähnelt dem Plot für die Abnahme des Gewinns sehr. Er resultiert aus insgesamt 141 Angaben. Die Werte für den Median, für das untere und obere Quartil sowie für den unteren Whisker entsprechen dem Boxplot für die Gewinnabnahme, lediglich der obere Whisker und die Ausreißer weisen unterschiedliche Werte auf. Der obere Whisker liegt bei den Unternehmen mit Angaben zur Gewinnzunahme bei 50 Prozent. Darüber hinaus gibt es einige Ausreißer, welche aus Gründen der Übersichtlichkeit nicht in *Abbildung 7* aufgeführt wurden. Sechs Geschäftsführer gaben an, eine Gewinnzunahme von ca. 100 Prozent verzeichnet zu haben. Darüber hinaus lag ein KMU den Angaben zufolge bei einer Gewinnsteigerung von 150 Prozent, ein Unternehmen bei 300 Prozent sowie ein weiteres bei 400 Prozent Gewinnzunahme vor Steuern.

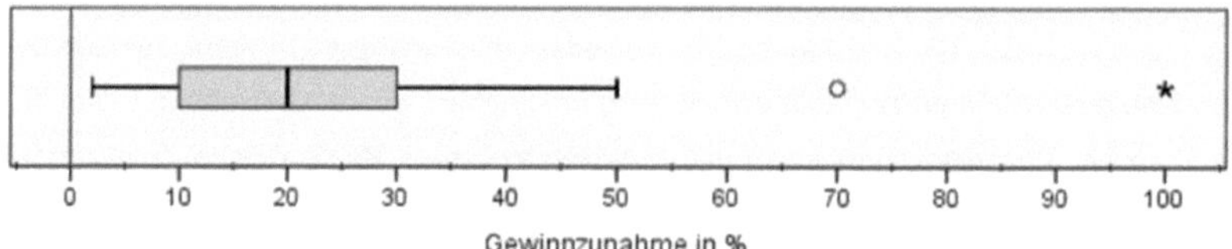

Abbildung 7: Boxplot zur angegebenen Gewinnzunahme der befragten KMU

Für den Branchenüberblick stellt *Abbildung 8* die Unterschiede in der Gewinnentwicklung innerhalb der letzten fünf Jahre dar. Da alle Unternehmen eine Angabe zu ihrer Branche gemacht haben, sind in alle 473 Unternehmen in dieser Abbildung erfasst, die auch Angaben zur Gewinnentwicklung der letzten fünf Jahre gemacht haben.

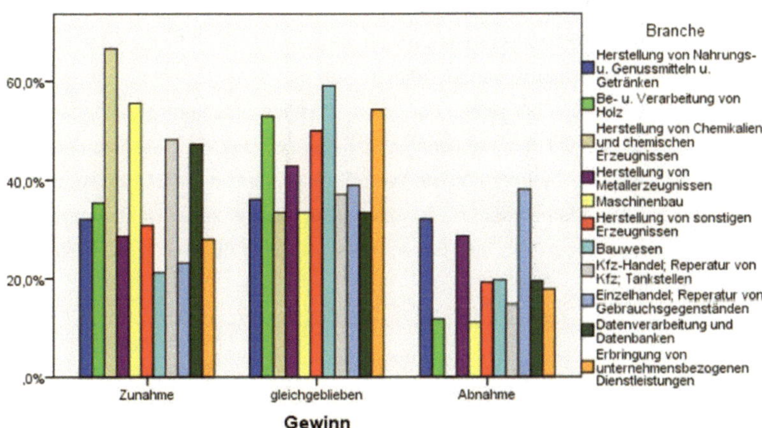

Abbildung 8: Gewinnentwicklung in Abhängigkeit der Branche

Hierbei hat die Branche „Herstellung von Chemikalien und chemischen Erzeugnissen“ zu 66,7 Prozent zwar den branchenübergreifend höchsten Anteil an Gewinnzunahmen, jedoch muss bei der Auswertung beachtet werden, dass lediglich drei der befragten Unternehmen zu dieser Branche gehören. Hiervon haben also zwei der Unternehmen eine Gewinnzunahme angegeben, bei dem verbleibenden Unternehmen wurde angegeben, dass der Gewinn vor Steuern in den letzten fünf Jahren gleichgeblieben ist.

Ähnlich verhält es sich für die Branche Maschinenbau, der 9 Unternehmen innerhalb der Grundgesamtheit angehören. Von diesen gaben fünf und damit 55,6 Prozent eine Gewinnsteigerung an, drei eine gleichgebliebene Gewinnentwicklung und ein Unternehmen einen Gewinnrückgang an. Erwähnenswert ist auch die Entwicklung im „Einzelhandel und der Reparatur von Gebrauchsgegenständen“, da von den 121 Unternehmen, die dieser Branche angehören, mit 23,1 Prozent weniger als ein Viertel der Unternehmen eine Gewinnsteigerung erzielen konnten. 38,8% der Unternehmen dieser Branche gaben eine stagnierende-, weitere 38 Prozent gar eine rückläufige Gewinnentwicklung an. Die Angaben zu den restlichen Branchen können der *Abbildung 8* entnommen werden.

Im Folgenden wird die Gewinnentwicklung im Ländervergleich vorgestellt. Auch hier stammen die Daten aus insgesamt 473 Angaben, da alle befragten Geschäftsführer Angaben zum Bundesland gemacht haben. Hierbei ist die Tendenz bei den meisten Bundesländern eher ausgeglichen. Tirol und Salzburg konnten jedoch, mit 44- beziehungsweise 42,9 Prozent länderübergreifend die - relativ betrachtet - meisten Angaben zu einer positiven Gewinnentwicklung verbuchen.

Das Burgenland ist mit 17,6 Prozent hier absolut wie auch relativ am seltensten benannt worden. Oberösterreich, Steiermark und Vorarlberg haben mit jeweils über 50 Prozent der Angaben bei „gleichgeblieben“ eine eher stagnierende Tendenz. Bei den Gewinnabnahmen ist das Burgenland Spitzenreiter. Auch wenn nur sieben der dort ansässigen Unternehmen angaben, dass ihre Gewinne über die letzten fünf Jahre abgenommen haben, ist dies in Relation zu den anderen Bundesländern mit 41,2 Prozent der höchste Wert. Es folgt Kärnten mit 31 Prozent und damit neun der insgesamt 29 Unternehmen, die für dieses Bundesland in der Umfrage registriert wurden. Der visuelle Vergleich zur jeweiligen Gewinnentwicklung der Bundesländer erfolgt durch *Abbildung 9*.

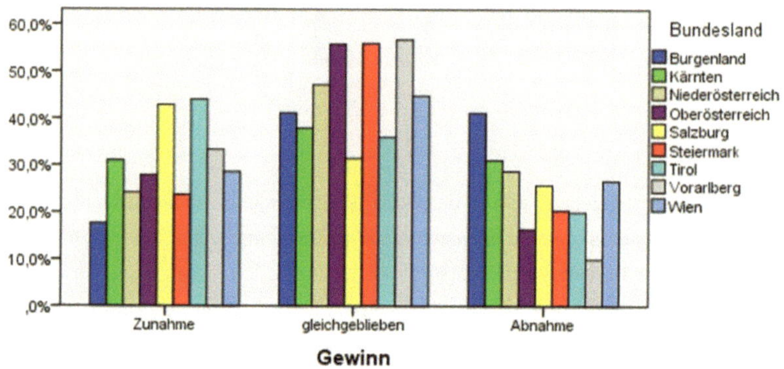

Abbildung 9: Gewinnentwicklung der Bundesländer

Zuletzt soll auch die Gewinnentwicklung in Abhängigkeit der Betriebsgrößenklasse dargestellt werden. Von den 473 Geschäftsführern, die eine Angabe zur Gewinnentwicklung gemacht haben, haben 470 auch eine Angabe zur Betriebsgröße vorgenommen. Der Großteil hiervon, nämlich 341 der teilnehmenden KMU, zählt zu den Kleinstunternehmen mit bis zu neun Mitarbeitern. Von dieser Unternehmensgruppe haben 27 Prozent eine Gewinnsteigerung, 49,6 Prozent eine Gewinnstagnation sowie 23,5 Prozent eine Gewinnabnahme verzeichnet. Bei den Kleinunternehmen mit zehn bis 49 Mitarbeitern gehen 114 Angaben in die Statistik zur Gewinnentwicklung ein. Hierbei konnten 38,6 Prozent ihre Gewinne steigern sowie weitere 37,7 Prozent zumindest halten. Die verbleibenden 23,7 Prozent mussten Gewinnabnahmen hinnehmen. Bei den Mittleren Unternehmen mit 50 bis 249 Mitarbeitern sind die Angaben ausgeglichen. Von den 15 Unternehmen, deren Gewinnentwicklung in der Umfrage erfasst werden konnte, haben zu jeweils gleichen Teilen von 33,3 Prozent, also jeweils fünf Unternehmen, Gewinnzunahmen, -abnahmen und gleichbleibende Gewinne verzeichnet.

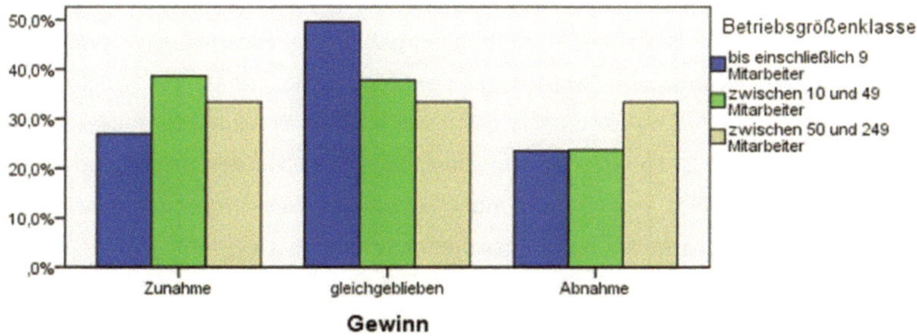

Abbildung 10: Gewinnentwicklung in Abhängigkeit der Betriebsgrößenklasse

3.1.5. Wettbewerbsfaktoren

3.1.5.1. Herausforderungen im Wettbewerb

Teil 1 des Fragebogens beschäftigt sich mit wettbewerbsrelevanten Herausforderungen für die befragten KMU. Die Geschäftsführer sollten dabei unter 17 gegebenen Faktoren angeben, inwiefern sie zustimmen würden, dass der gegebene Faktor den Wettbewerbsdruck ihres Unternehmens am besten beschreibt. Hierbei wurde eine Likert-Skala mit 5 Ausprägungsstufen, von „stimme gar nicht zu", „stimme eher nicht zu", „teils/teils", „stimme eher zu" bis hin zu „stimme voll und ganz zu" genutzt. Die Werte sind damit ordinalskaliert. Darüber hinaus konnte im vorgegebenen Fragebogen auch jeweils das Feld „nicht beurteilbar" angekreuzt werden. Die Geschäftsführer hatten in diesem Teil des Fragebogens außerdem die Möglichkeit bis zu zwei weitere Faktoren zu ergänzen, deren Relevanz für den Wettbewerb sodann ebenfalls über die fünfstufige Skala eingeschätzt werden sollte. Diese Möglichkeit wurde jedoch nur selten genutzt, sodass die zusätzlich angegebenen Herausforderungen nicht ausgewertet werden können. Bei einigen der gegebenen Faktoren wurden durch einzelne Geschäftsführer keine Angaben gemacht. Es handelt sich hierbei jedoch um Einzelfälle, so dass eine repräsentative Aussage auch ohne diese fehlenden Angaben möglich ist.

Um nun festzustellen, welche der gegebenen Herausforderungen von den Geschäftsführern übergreifend als wichtig oder weniger wichtig erachtet werden, wurde der Mittelwert als Kennwert herangezogen. Auch wenn dieser Kennwert eigentlich nur bei intervallskalierten Daten herangezogen werden sollte, macht er in dieser ordinalskalierten Reihung Sinn. Hierzu wurden die Skala-Items in Zahlen von eins bis fünf überführt, wobei „stimme voll und ganz zu" mit der Zahl „1" den niedrigsten Wert erhielt und durch schrittweise Steigerung um jeweils eins das Item „stimme gar nicht zu" die Zahl „5". Für das Feld „nicht beurteilbar" wurde in der Auswertesoftware zwar der Wert „0“ vergeben, allerdings aus der Berechnung herausgefiltert, da es dadurch zu einer Verzerrung des Gesamtergebnisses nach unten gekommen wäre. Würden Kennwerte für ordinalskalierte Daten herangezogen werden, wie der Median oder der Modus, könnte es zu Verzerrungen kommen. Es wäre beispielsweise gut möglich, dass für einen beliebigen Faktor besonders häufig der Modus „3“ benannt wird, insofern beim ausfüllen des Bogens eine Tendenz zu mittleren Werten vorliegt. Weitere Häufungen bei entweder zustimmenden oder ablehnenden Werten würden dadurch jedoch in der Auswertung nicht erfasst werden.

Die Ergebnisse der Auswertung über den Mittelwert sind in *Tabelle 2* zu sehen, wobei die Spalte „N“ für die Anzahl der Angaben für den gegebenen Faktor steht, der Mittelwert für die durchschnittliche Einschätzung über alle Geschäftsführer und die Varianz für die Streuung unter den gemachten Angaben. Die Faktoren wurden in *Tabelle 2* nach ihrer übergreifend angegebenen Relevanz sortiert. Es wird deutlich, dass der Preiswettbewerb als die größte wettbewerbsrelevante Herausforderung betrachtet wird. Die darauf folgenden drei Faktoren, „Qualitätswettbewerb“, „Veränderung der Kundenstruktur, -ansprüche und -erwartungen“ sowie „Steigende Personalkosten“ haben nahezu gleiche Mittelwerte zwischen „2,0754“ und „2,0825“, was einem „stimme eher zu“ entspricht. Auffällig ist weiterhin, dass der Wettbewerbsfaktor „Internationalisierung/Globalisierung“ von sehr vielen Geschäftsführern als „nicht beurteilbar“ eingeschätzt wurde. Der Wert für N ist mit „365“ im Vergleich zu den anderen Faktoren eher niedrig.

Auf der anderen Seite der Skala wird deutlich, dass die „Sinkende Bereitschaft der Mitarbeiter, sich langfristig an das Unternehmen zu binden“ von den Geschäftsführern als am wenigsten wettbewerbsrelevant betrachtet wird. Der Mittelwert über alle gemachten Angaben liegt bei diesem Faktor bei „3,2194“ und ist damit um etwa 0,2 Punkte höher als die beiden noch davor stehenden Faktoren „Neue Produkt- und Fertigungstechnologien“ sowie „Steigende Ansprüche der Mitarbeiter an ihre Arbeit“, welche ebenfalls als weniger wettbewerbsrelevant eingeschätzt wurden, als die 14 restlichen Faktoren.

	N	Mittelwert	Varianz
Preiswettbewerb	495	1,7333	,783
Qualitätswettbewerb	491	2,0754	1,090
Veränderung der Kundenstruktur,-ansprüche und -erwartungen	483	2,0766	1,104
Steigende Personalkosten	485	2,0825	1,047
Innovationswettbewerb	470	2,6830	1,479
Wachsende Ansprüche der Vereinbarkeit von Familie und Beruf	480	2,7021	1,233
Schrumpfende Märkte	479	2,7244	1,526
Konzentrationstendenzen / Fusionen von Lieferanten, Wettbewerbern und Abnehmern	466	2,7489	1,414
Grundlegende Änderung von gesetzlichen Regelungen, steuerlichen und rechtlichen Vorgaben / Vorschriften	472	2,7839	1,350
Erhöhte Finanzierungsanforderungen (z.B Basel II)	428	2,7921	1,678
Internationalisierung / Globalisierung	365	2,8356	1,561
Zunehmende Funktionalität, Komplexität und Zahl der IT - Systeme	416	2,9688	1,573
Zuwenig qualifiziertes Personal verfügbar	478	2,9749	1,710
Zunehmende Freizeitorientierung der Mitarbeiter	472	2,9788	1,520
Neue Produkt- und Fertigungstechnologien	454	3,0396	1,517
Steigende Ansprüche der Mitarbeiter an ihre Arbeit	474	3,0717	1,462
Sinkende Bereitschaft der Mitarbeiter, sich langfristig an das Unternehmen zu binden	474	3,2194	1,571

Tabelle 2: Auswertung der Angaben zu Herausforderungen im Wettbewerb

3.1.5.2. Wettbewerbsfähigkeit aufgrund interner Funktionen

Im zweiten Teil des Fragebogens wurde die Wettbewerbsfähigkeit aufgrund interner Funktionen untersucht. In diesem Fall wurden neun Faktoren vorgegeben, die wiederum über eine Skala mit fünf Ausprägungsstufen eingeschätzt werden sollten. Zwei weitere Faktoren konnten durch die Geschäftsführer ergänzt werden, was jedoch wieder nur in Einzelfällen gemacht wurde. Die zusätzlich angegebenen Faktoren werden demnach auch nicht weiter betrachtet. Die Skala reichte in diesem Teil des Fragebogens von „unwichtig“, „weniger wichtig“, „teils/teils“, „wichtig“ bis hin zu „sehr wichtig“. Auch hier handelt es sich also um eine fünfstufige Ordinalskalierung, mit dem Feld „nicht beurteilbar“ als sechstes nutzbares Item. Trotz Ordinalskalierung wurde für die Auswertung der Daten wiederum der Mittelwert als Kennwert für die durchschnittlich angegebene Wichtigkeit des Faktors herangezogen. Die Ausprägungsstufen wurden dazu wiederum mit Zahlen hinterlegt, wobei „unwichtig“ der Zahl „5“ entspricht und die darüber stehenden Stufen der Skala jeweils um die Zahl eins reduziert wurden, so dass das Item „sehr wichtig“ mit einer „1“ hinterlegt ist. Auch hier wurden die Angaben für das Feld „Nicht beurteilbar“ wieder herausgefiltert, um Verzerrungen in der Auswertung zu vermeiden.

Die Ergebnisse der Auswertung von Teil 2 des Fragebogens sind in *Tabelle 3* zu sehen. Die Faktoren wurden auch hier nach ihrer über alle Angaben gemittelten Bedeutsamkeit sortiert. Die interne Funktion „Service/Kundendienst" wurde mit relativ großem Abstand als das wichtigste Kriterium angesehen. Die niedrige Varianz für diesen Faktor zeigt, dass die Streuung um den Mittelwert sehr gering ist. Der Großteil der angegeben Werte für diesen Faktor liegt also bei „1" und damit „sehr wichtig". Ebenfalls als wichtig wurden die Funktionen „Marketing/Vertrieb" sowie „Finanzen" gewertet, die im Mittel auf einen Wert von rund 1,86 bzw. 1,87 kommen. Die Funktion „Forschung und Entwicklung" wurde in Relation zu den restlichen Faktoren als am unbedeutsamsten eingeschätzt. Ebenfalls weniger relevant als die restlichen aufgeführten Faktoren wurde die „Produktion" und die Logistik" gewertet.

	N	Mittelwert	Varianz
Service / Kundendienst	493	1,2677	,383
Marketing / Vertrieb	487	1,8604	,894
Finanzen	491	1,8676	,940
Einkauf / Beschaffung	481	1,9730	1,185
Personalmanagement	477	2,1447	,981
Controlling	478	2,2971	1,245
Logistik	476	2,4685	1,399
Produktion	450	2,5978	1,871
Forschung und Entwicklung	448	3,3013	1,746

Tabelle 3: Auswertung der Angaben zu Wettbewerbsfähigkeit aufgrund interner Funktionen

3.1.5.3. Wettbewerbsfähigkeit aufgrund interner Kompetenzen

Im dritten Teil des Fragebogens wurde die Wettbewerbsfähigkeit aufgrund unternehmensspezifischer Kompetenzen untersucht. Die Geschäftsführer sollten für 18 vorgegebenen Faktoren, über eine Skala mit fünf Ausprägungsstufen, einschätzen, inwiefern ihr Unternehmen bei dem jeweiligen Faktor besser und damit wettbewerbsfähiger ist als die wichtigsten Mitbewerber auf dem Markt. Auch hier konnten zwei weitere Faktoren durch die Geschäftsführer ergänzt werden. Da dies jedoch wieder nur in Einzelfällen geschah, wurden diese Faktoren für die Auswertung nicht weiter betrachtet. Die Skala reichte, wie schon in Teil 2 des Fragebogens, von „unwichtig", „weniger wichtig", „teils/teils", „wichtig" bis hin zu „sehr wichtig", mit dem Feld „Nicht beurteilbar" als sechste ankreuzbare Option. Für die Auswertung der Daten wurde trotz Ordinalskalierung wieder der Mittelwert als Kennwert für die durchschnittlich angegebene Wichtigkeit der angegebenen Faktoren herangezogen, wobei das Feld „Nicht beurteilbar" wieder herausgefiltert wurde. Die Ergebnisse der Auswertung von Teil 3 des Fragebogens sind in *Tabelle 4* abgebildet. Die Faktoren wurden wieder nach ihrer über alle Angaben gemittelten Bedeutsamkeit sortiert.

Mit dem niedrigsten Mittelwert von rund 1,33 wurde der Faktor „Qualität der Dienstleistungen und Produkte" unternehmensübergreifend als wichtigste unternehmensspezifische Kompetenz gewertet, die für die Wettbewerbsfähigkeit der österreichischen KMU entscheidend sind. Es folgen die Faktoren „Kompetenz der Unternehmensleitung/Geschäftsleitung" und „Qualifikation, Kompetenzen und Erfahrungen der Mitarbeiter auf den Rängen zwei und drei. Die „Absicherung von Innovationen durch Patente/Rechte" wurde mit einem Abstand von etwa 0,5 relativ deutlich auf den letzten Platz der 18 Faktoren gewertet und hat damit die geringste Bedeutung für die Wettbewerbsfähigkeit der Unternehmen. Ebenfalls als vergleichsweise weniger wichtig wurden die Faktoren „Breiter Vertrieb, d.h. dichtes Händlernetz" sowie „Ein Netzwerk mit Kooperationspartner, Subunternehmen, freiberuflichen Mitarbeitern" gewertet, allerdings war die Streuung der Wertungen bei diesen drei Faktoren auch am höchsten.

Tabelle 4 fasst die Auswertung des dritten Fragebogenteils zusammen.

	N	Mittelwert	Varianz
Qualität der Dienstleistungen und Produkte	492	1,3354	,321
Kompetenz der Unternehmensleitung / Geschäftsleitung	488	1,4365	,464
Qualifikationen, Kompetenzen und Erfahrungen der Mitarbeiter	484	1,5062	,487
Schnelle und pünktliche Lieferung	481	1,5405	,549
Fähigkeit, Kundenbedürfnisse schnell zu erkennen und in neue Produkte umzusetzen	490	1,5592	,648
Motivation und Loyalität der Mitarbeiter	479	1,5804	,570
Image und Bekanntheitsgrad des Unternehmens: Stärke der Marke	490	1,6673	,599
Flexible interne Organisation und Arbeitsabläufe	484	1,7169	,638
Breite des Produktsortiments bzw. des Dienstleistungsangebots	487	1,7577	,904
Qualität der Mitarbeiterführung	472	1,8008	,627
Zusatzangebote wie Service, Wartung, Betreuung, Training	479	1,8121	1,023
Definition einer Unternehmensstrategie	474	2,2025	1,075
Niedrige Kosten	470	2,2957	1,045
Niedriger Preis	489	2,4847	1,021
Intensive Werbung	488	2,6721	1,264
Ein Netzwerk mit Kooperationspartnern, Subunternehmen, freiberuflichen Mitarbeitern	449	2,9666	1,662
Breiter Vertrieb, d.h. dichtes Händlernetz	437	3,1350	1,810
Absicherung von Innovationen durch Patente / Rechte	417	3,6691	1,732

Tabelle 4: Auswertung der Angaben zu Wettbewerbsfähigkeit aufgrund interner Kompetenzen

3.2. Inferenzstatistische Untersuchungen

In den folgenden Kapiteln werden mit Hilfe des Einsatzes bestimmter Werkzeuge der Inferenzstatistik, die Zusammenhänge ausgewählter Fragestellungen im Rahmen der durch die IMAD GmbH durchgeführten Umfrage untersucht.

3.2.1. Zusammenhänge des Einsatzes verschiedener Managementkonzepte

Im fünften Abschnitt des Fragebogens wurden die Geschäftsführer der KMU zu ihren Erfahrungen mit aktuellen Managementkonzepten befragt. Aufgeführt waren hierbei zehn Konzepte, bei denen jeweils auf einer dreistufigen Skala angegeben werden konnte, inwiefern das Konzept im Unternehmen bereits erprobt wurde. Die Skala reichte hierbei von „Experimentierstadium", über „in kleinen Einheiten erprobt" bis hin zu „unternehmensweit erprobt". Auch konnte wieder „Nicht beurteilbar" angegeben werden.

Die erste Fragestellung der inferenzstatistischen Analyse beschäftigt sich mit den Zusammenhängen zwischen diesen Managementkonzepten. Geprüft werden soll im Detail, wie stark der Zusammenhang zwischen dem Einsatz eines Qualitätsmanagements und dem Einsatz der weiteren aufgeführten Managementkonzepte ist.

Da es sich um ordinalskalierte Daten handelt und der Zusammenhang zwischen zwei Variablen erfragt wird, nämlich des Qualitätsmanagements zu jeweils einem anderen Managementkonzept, wird das Spearman-Rang-Korrelationsverfahren zur Analyse herangezogen.

Die Hypothesen für die fallweise Betrachtung der jeweiligen Korrelation lauten wie folgt:

H0: Es besteht kein Zusammenhang zwischen dem Einsatz eines Qualitätsmanagements und dem Einsatz des Managementkonzepts X.[15]

H1: Es besteht ein Zusammenhang zwischen dem Einsatz eines Qualitätsmanagements und dem Einsatz des Managementkonzepts X.

Ob H0 verworfen werden muss und somit H1 gilt, wird durch den jeweils durchgeführten Signifikanztest entschieden. Hierbei wählen wir ein Signifikanzniveau von $p = 0{,}05$. Liegt die errechnete Wahrscheinlichkeit unter diesem Wert, wird H0 verworfen, ansonsten bleibt H0 bestehen.

Für die Berechnung wurde das Feld „nicht beurteilbar" als fehlender Wert codiert, da es nicht als „keine Erfahrung" mit dem jeweiligen Konzept gewertet werden kann und somit Spielraum zur Interpretation lässt. Die fehlenden Werte wurden für die Berechnung sodann listenweise ausgeschlossen.

Im Ergebnis zeigt sich der größte Zusammenhang mit dem Qualitätsmanagement beim Prozessmanagement, knapp gefolgt vom Projektmanagement und dem Einsatz eines Strategischen Managements. Die Korrelationskoeffizienten liegen hier jeweils zwischen 0,54 und 0,61. Nach Cohen handelt es sich hierbei um einen starken Zusammenhang. Werte zwischen 0,3 und 0,5 sprechen für einen mittleren Zusammenhang und Werte darunter für einen kleinen bis gar kei-

---

[15] X steht als Platzhalter für ein beliebig einzusetzendes Managementkonzept aus Abschnitt 5 des Fragebogens (mit Ausnahme des Qualitätsmanagements an sich)

nen signifikanten Zusammenhang.[16] Einen mittleren Zusammenhang gibt es demnach zwischen dem Qualitätsmanagement und dem Change Management / Organisationsentwicklung, der Personalentwicklung, dem IT-Management und dem Performance Management. Bei Letzterem kann bei dem Korrelationskoeffizient von r = 0,496 sogar noch von einem starken Zusammenhang gesprochen werden. Klein bis mittel ist der Zusammenhang zum Lean Management, die Korrelation beträgt hier nur 0,277. Beim Zusammenhang mit dem Wissensmanagement ergibt der Signifikanztest einen Wert von p = 0,193, was zur Beibehaltung der Nullhypothese führt. Man kann also nicht von einem Zusammenhang zwischen Qualitätsmanagement und Wissensmanagement sprechen. Die Ergebnisse nach Anwendung des Spearmann-Korrelations-Verfahrens sind in *Tabelle 5* zusammengefasst aufgelistet.

			Qualitätsmanagement
Spearman-Rho	Qualitätsmanagement	Korrelationskoeffizient	1,000
		Sig. (2-seitig)	.
	Prozessmanagement	Korrelationskoeffizient	,610
		Sig. (2-seitig)	,000
	Projektmanagement	Korrelationskoeffizient	,556
		Sig. (2-seitig)	,000
	Wissensmanagement	Korrelationskoeffizient	,175
		Sig. (2-seitig)	,193
	IT - Management	Korrelationskoeffizient	,355
		Sig. (2-seitig)	,007
	Strategisches Management	Korrelationskoeffizient	,545
		Sig. (2-seitig)	,000
	Performance Management	Korrelationskoeffizient	,496
		Sig. (2-seitig)	,000
	Lean Management	Korrelationskoeffizient	,277
		Sig. (2-seitig)	,037
	Change Management / Organisationsentwicklung	Korrelationskoeffizient	,433
		Sig. (2-seitig)	,001
	Personalentwicklung	Korrelationskoeffizient	,383
		Sig. (2-seitig)	,003

a. Listenweises N= 57

Tabelle 5: Spearmann-Korrelation von Qualitätsmanagement mit weiteren Managementkonzepten

3.2.2. Unterschiede im Einsatz verschiedener Managementkonzepte zwischen „erfolgreichen Unternehmen“ und „nicht erfolgreichen Unternehmen“

In diesem Abschnitt soll untersucht werden, inwiefern es zwischen erfolgreichen- und nicht erfolgreichen Unternehmen Unterschiede bei Erfahrungen mit den Managementkonzepten Qualitätsmanagement, Prozessmanagement und Projektmanagement gibt.

---

[16] Vgl. *Schäfer T.* (2016), S.101

Hierzu wurden die Unternehmen gemäß ihren Angaben im Fragebogenabschnitt 10.4 neu gruppiert, indem nur jene Unternehmen als „erfolgreich“ definiert wurden, die eine Zunahme der Gewinnentwicklung angegeben haben. Unternehmen mit gleichbleibender- oder gar abnehmender Gewinnentwicklung wurden also für die Auswertung dieser Fragestellung als „nicht erfolgreich“ definiert. Da nach Unterschieden zwischen zwei Gruppen bei vorliegender Ordinalskalierung gefragt wird, wurde der „Mann-Whitney-U-Test“ zur Analyse des Datensatzes verwendet. Angaben im Feld „Nicht beurteilbar“ wurden, genauso wie fehlende Angaben, für die Berechnung nicht berücksichtigt.

Die Hypothesen zur Untersuchung der vorliegenden Fragestellung lauten dabei wie folgt:

H0: Zwischen den Gruppen „erfolgreiche Unternehmen“ und „nicht erfolgreiche Unternehmen“ besteht ein Unterschied im Einsatz des Qualitätsmanagements.

H1: Zwischen den Gruppen „erfolgreiche Unternehmen“ und „nicht erfolgreiche Unternehmen“ besteht kein Unterschied im Einsatz des Qualitätsmanagements.

Äquivalent ist mit der Aufstellung der Hypothesen zur Prüfung eines Unterschieds zwischen den beiden Gruppen und dem Prozess-, sowie dem Projektmanagement zu verfahren. Als Signifikanzniveau wird einmal mehr p = 0,05 festgelegt.

Als Testvariablen werden die dreistufig skalierten Erfahrungen mit den jeweiligen Managementkonzepten genutzt.

Tabelle 6 fasst den ersten Schritt der Berechnung zusammen, aus der bereits die ersten Vermutungen abgeleitet werden können. Größere Unterschiede im „Mittleren Rang“ lassen vermuten, dass zwischen den getesteten Gruppen „erfolgreich“ und „nicht erfolgreich“ auch Unterschiede in der Anwendung der Managementkonzepte bestehen.

	Gewinn	N	Mittlerer Rang	Rangsumme
Qualitätsmanagement	erfolgreich	110	138,75	15262,00
	nicht erfolgreich	199	163,98	32633,00
	Gesamt	309		
Prozessmanagement	erfolgreich	73	75,39	5503,50
	nicht erfolgreich	104	98,55	10249,50
	Gesamt	177		
Projektmanagement	erfolgreich	84	107,48	9028,50
	nicht erfolgreich	149	122,37	18232,50
	Gesamt	233		

Tabelle 6: Mann-Whitney-U-Test des Zusammenhangs von Erfolg mit bestimmten Managementmethoden

Tabelle 7 bestätigt die Vermutung durch Berechnung der asymptotischen Signifikanz.

	Qualitätsmanagement	Prozessmanagement	Projektmanagement
Mann-Whitney-U	9157,000	2802,500	5458,500
Asymptotische Signifikanz (2-seitig)	,004	,001	,073

Tabelle 7: Signifikanz nach Mann-Whitney-U-Test

Bei einem Signifikanzniveau von p = 0,05 kann aus *Tabelle 7* abgeleitet werden, dass die Nullhypothesen für das Qualitätsmanagement und das Prozessmanagement zu verwerfen sind und sich konstatieren lässt, dass es einen signifikanten Unterschied zwischen erfolgreichen und nicht erfolgreichen Unternehmen bei der Anwendung dieser beiden Managementkonzepte gibt. Für das Projektmanagement muss die Nullhypothese aufrecht erhalten werden, da das Signifikanzniveau hier nicht unterschritten wurde.

Zur Überprüfung und Veranschaulichung dieses Ergebnisses dient *Tabelle 8*, welche den Zusammenhang zwischen der angegebenen Erfahrung im Projektmanagement und dem Unternehmenserfolg widerspiegelt. Insgesamt 233 Geschäftsführer haben für das Projektmanagement Angaben zwischen „Experimentierstadium“ und „Unternehmensweit erprobt“ gemacht. Hierbei lagen mit 125 Angaben die meisten KMU bei einem unternehmensweiten Einsatz dieses Konzepts, 72 Unternehmen lagen bei einer kleineren Erprobung und die verbleibenden 36 KMU noch im Experimentierstadium. Aus der diesen Werten gegenüberstehenden Anzahl an erfolgreichen- oder nicht erfolgreichen Unternehmen, lassen sich Erwartungen für die Zahlen in den einzelnen Zellen der Kreuztabelle ableiten. Es zeigt sich, dass die jeweilige erwartete Anzahl der tatsächlich angegebenen Anzahl in jeder Zelle sehr nahe kommt. Daraus lässt sich wiederum ableiten, dass die Verteilung der Angaben für die Erfahrungen im Projektmanagement zwischen erfolgreichen- und nicht erfolgreichen Unternehmen ähnlich verteilt sein müssen. Ein Zusammenhang zwischen dem Einsatz dieses Managementkonzepts und dem Erfolg des Unternehmens lässt sich folglich schwer begründen.

			Projektmanagement			
			Unternehmens weit erpropt	In kleinen Einheiten erpropt	Experimentier stadium	Gesamt
Gewinn	erfolgreich	Anzahl	51	24	9	84
		Erwartete Anzahl	45,1	26,0	13,0	84,0
	nicht erfolgreich	Anzahl	74	48	27	149
		Erwartete Anzahl	79,9	46,0	23,0	149,0
Gesamt		Anzahl	125	72	36	233
		Erwartete Anzahl	125,0	72,0	36,0	233,0

Tabelle 8: Kreuztabelle Projektmanagement und Unternehmenserfolg

3.2.3. Vergleich der Gewinnentwicklung bei zusammengefassten Branchengruppen

Für eine zusammengefasste Analyse der Angaben zur Gewinnentwicklung wurden die befragten Unternehmen in Branchengruppen aufgeteilt. Hierzu wurden die Branchen „Herstellung von Nahrungs-, Genussmitteln und Getränken", „Be- und Verarbeitung von Holz", „Herstellung von Chemikalien und chemischen Erzeugnissen", „Herstellung von Metallerzeugnissen", „Maschinenbau", „Herstellung von sonstigen Erzeugnissen" sowie das „Bauwesen" zur Branchengruppe „Produktion" zusammengefasst.

Aus den ursprünglichen Branchen „Kfz-Handel, Reparatur von Kfz, Tankstellen" sowie „Einzelhandel und Reparatur von Gebrauchsgegenständen" wurde die Branchengruppe „Handel" und aus den Branchen „Unternehmen aus dem Datenverarbeitungs- und Datenbankbereich" sowie der „Erbringung unternehmensbezogener Dienstleistungen" die Branchengruppe „Datenverarbeitung und Dienstleistungen".

Untersucht werden sollte nun, ob sich diese Branchengruppen hinsichtlich ihrer in Fragebogenabschnitt 10.4 angegebenen Gewinnentwicklung unterscheiden.

Um ein Verfahren auszuwählen, mit dem die Unterschiede zwischen diesen drei Gruppen analysiert werden können, muss zunächst geklärt werden, ob die Angaben zur Gewinnentwicklung in den einzelnen Branchengruppen normalverteilt sind.

Dies wurde über eine explorative Datenanalyse getrennt für die beiden Fälle „Gewinnsteigerung" und „Gewinnabnahme" untersucht. Die Ergebnisse sind in den *Tabellen 9* und *-10* festgehalten.

Für die Untersuchung der Angaben zu „Gewinnsteigerungen" in den einzelnen Branchengruppen lässt sich festhalten, dass insgesamt 78 Angaben gemacht wurden, davon 30 in der Gruppe

Produktion, 19 im Handel und 29 in der Gruppe „Datenverarbeitung und Dienstleistung". Über den Kolmogorov-Smirnov-Test auf Normalverteilung wird sichtbar, dass die jeweiligen Nullhypothesen „Die Angaben in der Branchengruppe Produktion / Handel / Datenverarbeitung und Dienstleistung sind normalverteilt" nicht aufrecht erhalten werden können, da p < 0,05 ist.

		Fälle					
		Gültig		Fehlend		Gesamt	
	Branchengruppen	N	Prozent	N	Prozent	N	Prozent
Zunahme	Produktion	30	18,2%	135	81,8%	165	100,0%
	Handel	19	11,6%	145	88,4%	164	100,0%
	Datenverarbeitung und Dienstleistung	29	17,0%	142	83,0%	171	100,0%

Tests auf Normalverteilung

		Kolmogorov-Smirnov[a]			Shapiro-Wilk		
	Branchengruppen	Statistik	df	Signifikanz	Statistik	df	Signifikanz
Zunahme	Produktion	,296	30	,000	,697	30	,000
	Handel	,405	19	,000	,521	19	,000
	Datenverarbeitung und Dienstleistung	,248	29	,000	,711	29	,000

Tabelle 9: Untersuchung der Angaben zu Gewinnsteigerungen auf Normalverteilung

Ähnlich sieht es bei den Angaben zu Gewinnabnahmen aus. Hier haben 73 Geschäftsführer Angaben gemacht, jedoch lediglich die 24 Angaben für die Branchengruppe Produktion sind nach Auswertung des Kolmogorov-Smirnov-Tests normalverteilt. Die Ergebnisse der explorativen Datenanalyse zu diesem Fall sind in *Tabelle 10* dargestellt.

		Fälle					
		Gültig		Fehlend		Gesamt	
	Branchengruppen	N	Prozent	N	Prozent	N	Prozent
Abnahme	Produktion	24	14,5%	141	85,5%	165	100,0%
	Handel	26	15,9%	138	84,1%	164	100,0%
	Datenverarbeitung und Dienstleistung	23	13,5%	148	86,5%	171	100,0%

Tests auf Normalverteilung

		Kolmogorov-Smirnov[a]			Shapiro-Wilk		
	Branchengruppen	Statistik	df	Signifikanz	Statistik	df	Signifikanz
Abnahme	Produktion	,144	24	,200*	,890	24	,014
	Handel	,238	26	,001	,852	26	,002
	Datenverarbeitung und Dienstleistung	,184	23	,041	,868	23	,006

Tabelle 10: Untersuchung der Angaben zu Gewinnabnahmen auf Normalverteilung

Zur weiteren Untersuchung von Unterschieden in der Gewinnentwicklung zwischen den drei Branchengruppen muss also ein nichtparametrisches Verfahren herangezogen werden. Gewählt wurde hierfür der Kruskal-Wallis-Test, welcher normalerweise für ordinalskalierte Daten genutzt wird, jedoch auch bei Intervallskalierung eingesetzt werden kann.[17]

Die Hypothesen für den Test lauten dabei wie folgt:

H0: Hinsichtlich der angegeben Gewinnsteigerung / Gewinnabnahme besteht kein Unterschied zwischen den Branchengruppen.

H1: Hinsichtlich der angegeben Gewinnsteigerung / Gewinnabnahme besteht ein Unterschied zwischen den Branchengruppen.

Als Signifikanzniveau wurde wieder das übliche p = 0,05 gewählt.

Die Ergebnisse des Tests sind in *Tabelle 11* festgehalten. Es wird deutlich, dass die Nullhypothese für die Angaben zur Gewinnsteigerung aufrecht erhalten bleibt, während sie für die Angaben zur Gewinnabnahme verworfen werden muss. Hinsichtlich der angegebenen Gewinnabnahme besteht also zwischen den Branchengruppen ein signifikanter Unterschied.

	Zunahme	Abnahme
Chi-Quadrat	,110	7,327
df	2	2
Asymptotische Signifikanz	,946	,026

Tabelle 11: Kruskal-Wallis-Test über Branchengruppen

Dieser Umstand wird besonders deutlich, wenn man die Boxplots der Branchengruppen für die Angaben zur Gewinnentwicklung vergleicht. *Abbildung 9* zeigt die Boxplots für die Angaben zur Gewinnsteigerung, während in *Abbildung 10* die Boxplots über die Angaben zur Gewinnabnahme dargestellt sind. Auch wenn aufgrund der „Ausreißerwerte" für die Gewinnzunahme eine logarithmische Darstellung zur Basis 10 verwendet wurde, ist klar zu erkennen, dass die jeweiligen Mediane in etwa auf der gleichen Höhe liegen. Auch die Quartile und Whisker-Antennen weichen nicht zu stark voneinander ab.

[17] Vgl. *Schäfer T.* (2016), S.242

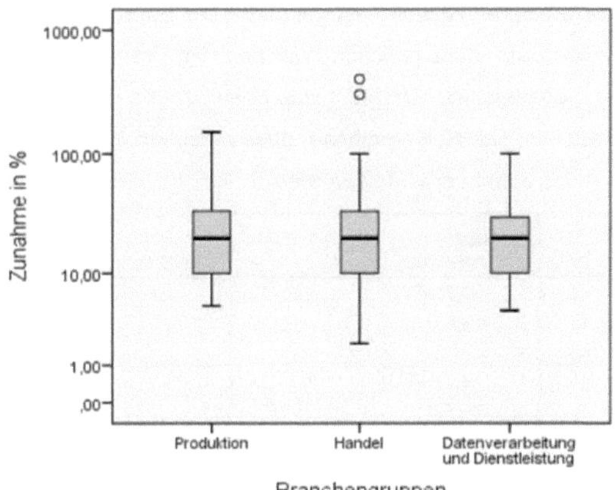

Abbildung 11: Boxplots zu den Angaben über Gewinnsteigerungen

Für die Boxplots zu den Angaben über die Gewinnabnahme wurde wieder eine lineare Skala verwendet. Die Unterschiede in der Lage der einzelnen Kennwerte sind über die Branchengruppen hinweg gut zu erkennen.

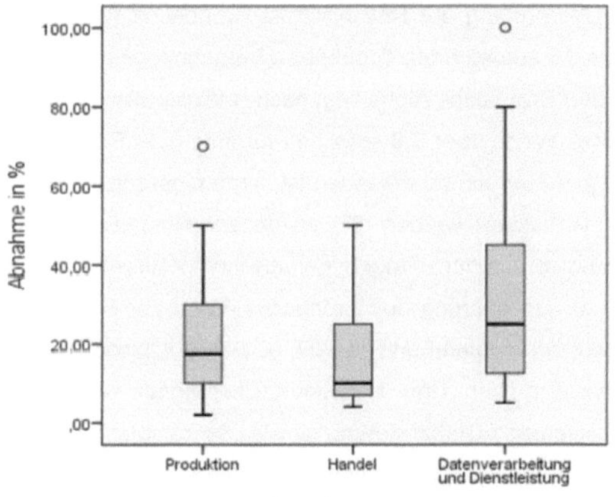

Abbildung 12: Boxplots zu den Angaben über Gewinnabnahmen

Da der Kruskal-Wallis-Test lediglich Auskunft darüber gibt, ob ein Unterschied zwischen den Branchengruppen besteht, jedoch nicht zwischen welchen im Detail, muss ein Post-Hoc-Test vorgenommen werden. Da der Levene-Test gezeigt hat, dass für die Variable Gewinnabnahme keine Varianzhomogenität besteht, wird dazu Games-Howell-Test genutzt.[18] Die Ergebnisse des Tests sind in *Tabelle 12* dargestellt und zeigen auf, dass lediglich zwischen den Branchengruppen „Handel“ und „Datenverarbeitung und Dienstleistung“ Unterschiede bestehen, da die Signifikanz hier unter das Niveau von p = 0,05 absinkt. Die Nullhypothese, dass zwischen diesen beiden Gruppen kein Unterschied bestünde, muss somit verworfen werden.

(I) Branchengruppen	(J) Branchengruppen	Mittlere Differenz (I-J)	Standardfehler	Signifikanz
Produktion	Handel	4,99038	4,25711	,476
	Datenverarbeitung und Dienstleistung	-10,58152	6,15119	,210
Handel	Produktion	-4,99038	4,25711	,476
	Datenverarbeitung und Dienstleistung	-15,57191*	5,58770	,024
Datenverarbeitung und Dienstleistung	Produktion	10,58152	6,15119	,210
	Handel	15,57191*	5,58770	,024

Tabelle 12: Games-Howell-Test zur Gewinnabnahme über die Branchengruppen

3.3. Untersuchung der internen Konsistenz des ersten Fragebogenabschnitts

Im Folgenden soll eine Reliabilitätsanalyse des ersten Fragebogenabschnitts durchgeführt werden. Der gebräuchlichste Kennwert zur Überprüfung der Reliabilität ist Cronbachs Alpha, der aus diesem Grund auch für die in *Tabelle 13* aufgeführten Ergebnisse herangezogen wurde.[19] Der zugrundeliegende Ausgangswert für den Cronbachs Alpha liegt nach Analyse aller 17 Items des ersten Fragebogenabschnitts bei 0,808. Werte über 0,8 sprechen für eine gute Reliabilität, die also auch hier vorliegt.[20] Wie in *Tabelle 13* jedoch zu erkennen ist, kann dieser Wert durch Weglassen einzelner Items sogar noch verbessert werden. So wurde zur Optimierung des Kennwerts zunächst das Item Preiswettbewerb aus dem Fragebogenabschnitt entfernt, da dies gemäß *Tabelle 13* den größten Einfluss zur Optimierung des Cronbachs Alpha zur Folge hat. Anschließend wurde die Berechnung erneut durchgeführt und geprüft, ob das Weglassen weiterer Items den Kennwert noch weiter verbessern kann. Über insgesamt 3 Iterationen wurden so die Items „Preiswettbewerb“, „Internationalisierung / Globalisierung“ sowie „Schrumpfende Märkte“ entfernt, um im Ergebnis einen Kennwert von 0,823 als höchstmöglichen Cronbachs Alpha für den ersten Fragebogenabschnitt zu erhalten. Eine weitere Entfernung einzelner Items würde den Wert nur wieder verschlechtern.

---

[18] Vgl. *Keller D.* (2015)

[19] Vgl. *Leonhart R.* (2014), S.105

[20] Vgl. *Leonhart R.* (2014), S.108

Zur Optimierung der Zusammenstellung des Fragebogens lässt sich also festhalten, dass die drei identifizierten Items zur Erhöhung der Reliabilität aus dem Abschnitt entfernt werden sollten. Dies hat darüber hinaus den Vorteil, dass die Länge und Komplexität des Fragebogens reduziert werden kann.

	Skalenmittelwert, wenn Item weggelassen	Skalenvarianz, wenn Item weggelassen	Korrigierte Item-Skala-Korrelation	Cronbachs Alpha, wenn Item weggelassen
Internationalisierung / Globalisierung	40,7594	109,798	,223	,812
Preiswettbewerb	41,1611	118,237	,048	,814
Qualitätswettbewerb	40,8234	112,163	,301	,803
Innovationswettbewerb	40,3289	107,602	,393	,798
Schrumpfende Märkte	40,2296	111,868	,235	,808
Veränderung der Kundenstruktur,-ansprüche und -erwartungen	40,8278	110,798	,358	,800
Erhöhte Finanzierungsanforderungen (z.B Basel II)	40,4636	105,586	,382	,800
Zuwenig qualifiziertes Personal verfügbar	40,0022	105,493	,441	,795
Konzentrationstendenzen / Fusionen von Lieferanten, Wettbewerbern und Abnehmern	40,2627	106,796	,429	,796
Grundlegende Änderung von gesetzlichen Regelungen, steuerlichen und rechtlichen Vorgaben / Vorschriften	40,2384	107,014	,427	,796
Neue Produkt- und Fertigungstechnologien	40,0751	104,339	,472	,793
Steigende Personalkosten	40,8609	109,412	,438	,797
Sinkende Bereitschaft der Mitarbeiter, sich langfristig an das Unternehmen zu binden	39,7903	103,617	,516	,790
Steigende Ansprüche der Mitarbeiter an ihre Arbeit	39,9426	103,152	,566	,787
Zunehmende Freizeitorientierung der Mitarbeiter	40,0110	102,719	,570	,786
Wachsende Ansprüche der Vereinbarkeit von Familie und Beruf	40,2539	107,013	,476	,794
Zunehmende Funktionalität, Komplexität und Zahl der IT-Systeme	40,3091	102,382	,406	,792

Tabelle 13: Reliabilitätsanalyse des ersten Fragebogenabschnitts über Cronbachs Alpha

3.4. Explorative Faktorenanalyse des Fragebogenabschnitts „Wettbewerbsfähigkeit aufgrund interner Funktionen“

Im folgenden Abschnitt soll nun für den zweiten Teil des Fragebogens eine explorative Faktorenanalyse durchgeführt werden, um festzustellen, ob einzelne Items zu übergeordneten Konstrukten (Faktoren) zusammengefasst werden können. Hierdurch lassen sich Redundanzen zwischen einzelnen Variablen reduzieren.

Zunächst muss jedoch festgestellt werden, ob eine Faktorenanalyse mit dem vorliegenden Datensatz überhaupt Sinn macht. Dies geschieht durch den Bartlett-Test sowie der Prüfgröße von Kaiser-Mayer-Olkin, dem KMO-Wert.[21]

Die Ergebnisse der beiden Testverfahren sind in *Tabelle 14* dargestellt. Der KMO-Wert liegt bei 0,776 ist damit als „ziemlich gut" zu interpretieren.[22] Der Bartlett-Test ist mit dem Wert von 0,000 darüber hinaus signifikant, so dass die folgende Faktorenanalyse als sinnvoll erachtet werden kann.

KMO- und Bartlett-Test

Maß der Stichprobeneignung nach Kaiser-Meyer-Olkin.		,776
Bartlett-Test auf Sphärizität	Ungefähres Chi-Quadrat	968,831
	df	36
	Signifikanz nach Bartlett	,000

Tabelle 14: KMO- und Bartlett-Test des zweiten Fragebogenabschnitts

Zur Bestimmung der Anzahl zu extrahierender Faktoren wurde die Kaiser-Guttmann-Regel angewendet. Nach diesem Kriterium werden nur Faktoren mit einem Eigenwert größer eins übernommen.[23] Die Ergebnisse nach Anwendung dieses Verfahrens sind in den *Tabellen 15* und *16* abgebildet. Aus Tabelle 15, welche die Kommunalitäten zu Beginn und am Ende der Faktorenanalyse aufzeigt, wird hierbei bereits der erste Kritikpunkt ablesbar. Die Kommunalität des Items „Service / Kundendienst" liegt bei 0,174 und damit deutlich unter dem mindestens zu fordernden Grenzwert von 0,4.[24] Die Passung des Items scheint daher nicht optimal zu sein und muss kritisch hinterfragt werden.

	Anfänglich	Extraktion
Service / Kundendienst	1,000	,174
Marketing / Vertrieb	1,000	,403
Produktion	1,000	,514
Einkauf / Beschaffung	1,000	,596
Logistik	1,000	,627
Controlling	1,000	,610
Finanzen	1,000	,551
Personalmanagement	1,000	,435
Forschung und Entwicklung	1,000	,588

[21] Vgl. *Leonhart R.* (2014), S.74

[22] Vgl. *Leonhart R.* (2014), S.74

[23] Vgl. *Leonhart R.* (2014), S.76

[24] Vgl. *Leonhart R.* (2014), S.75

Tabelle 15: Kommunalitäten unter Anwendung der Kaiser-Guttmann-Regel

Tabelle 16 zeigt auf, dass durch Anwendung der Kaiser-Guttmann-Regel lediglich zwei Faktoren einen Eigenwert größer eins aufweisen und somit ausgewählt werden. Die beiden Faktoren erklären jedoch insgesamt nur 49,975 Prozent der Varianz. Dies ist noch nicht zufriedenstellend, da ein möglichst großer Teil der Varianz der Ausgangsitems übernommen werden soll. *Tabelle 16* zeigt jedoch auf, dass die dritte Komponente, mit einem Eigenwert von 0,983, nur knapp durch das Raster des Kaiser-Guttmann-Kriteriums gefallen ist.

	Anfängliche Eigenwerte			Summen von quadrierten Faktorladungen für Extraktion			Rotierte Summe der quadrierten Ladungen		
Komponente	Gesamt	% der Varianz	Kumulierte %	Gesamt	% der Varianz	Kumulierte %	Gesamt	% der Varianz	Kumulierte %
1	3,211	35,683	35,683	3,211	35,683	35,683	2,518	27,982	27,982
2	1,286	14,292	49,975	1,286	14,292	49,975	1,979	21,992	49,975
3	,983	10,924	60,898						
4	,816	9,072	69,970						
5	,741	8,235	78,205						
6	,605	6,721	84,926						
7	,528	5,871	90,798						
8	,485	5,392	96,190						
9	,343	3,810	100,000						

Tabelle 16: Faktorenanalyse unter Anwendung der Kaiser-Guttman-Regel

Zur Überprüfung der Auswirkung einer Anpassung des Ergebnisses auf drei zu extrahierende Faktoren, wurde die Kaiser-Guttmann-Regel leicht angepasst und der zu erzielende Eigenwert auf 0,98 reduziert. Wie in *Tabelle 17* zu erkennen ist, liegen die Kommunalitäten der Items nach Neuberechnung nun allesamt über dem Grenzwert von 0,4.

	Anfänglich	Extraktion
Service / Kundendienst	1,000	,888
Marketing / Vertrieb	1,000	,425
Produktion	1,000	,639
Einkauf / Beschaffung	1,000	,596
Logistik	1,000	,627
Controlling	1,000	,610
Finanzen	1,000	,552
Personalmanagement	1,000	,445
Forschung und Entwicklung	1,000	,698

Tabelle 17: Kommunalitäten nach Anpassung der Kaiser-Guttmann-Regel

Tabelle 18 zeigt die Ergebnisse der Faktorenanalyse nach Anpassung der Kaiser-Guttmann-Regel auf. Erwartungsgemäß wurden nun drei Faktoren extrahiert, die insgesamt 60,898 Prozent der Gesamtvarianz dieser Fragebogenabschnitts erklären.

Wie der mittlere Teil der Tabelle zeigt, lagen zunächst noch zu viele Variablen auf dem ersten Faktor. Nach Durchführung einer rechtwinkligen Rotation nach dem Varimax-Verfahren wurde die Aufteilung optimiert, was sich in der Neuaufteilung der Varianzen und Eigenwerte in der rechten Spalte von *Tabelle 18* widerspiegelt.

Komponente	Anfängliche Eigenwerte			Summen von quadrierten Faktorladungen für Extraktion			Rotierte Summe der quadrierten Ladungen		
	Gesamt	% der Varianz	Kumulierte %	Gesamt	% der Varianz	Kumulierte %	Gesamt	% der Varianz	Kumulierte %
1	3,211	35,683	35,683	3,211	35,683	35,683	2,475	27,500	27,500
2	1,286	14,292	49,975	1,286	14,292	49,975	1,872	20,804	48,305
3	,983	10,924	60,898	,983	10,924	60,898	1,133	12,593	60,898
4	,816	9,072	69,970						
5	,741	8,235	78,205						
6	,605	6,721	84,926						
7	,528	5,871	90,798						
8	,485	5,392	96,190						
9	,343	3,810	100,000						

Tabelle 18: Faktorenanalyse nach Anpassung der Kaiser-Guttman-Regel

Zuletzt wird in *Tabelle 19* die rotierte Faktormatrix als Endergebnis der, nach leichter Anpassung der Kaiser-Guttmann-Regel, erneut durchgeführten Faktorenanalyse präsentiert. Hier wird aufgezeigt, welche Items zu welchen Faktoren zusammengefasst werden.

	Komponente		
	1	2	3
Einkauf / Beschaffung	,771		
Logistik	,763		
Controlling	,738		
Finanzen	,724		
Forschung und Entwicklung		,824	
Produktion		,796	
Marketing / Vertrieb		,475	
Personalmanagement		,458	
Service / Kundendienst			,942

Tabelle 19: Rotierte Komponentenmatrix als Endergebnis der Faktorenanalyse

Zuletzt müssen die drei ausgewählten Faktoren noch sinnvoll benannt werden. Dies fällt für den dritten Faktor leicht, da hier lediglich das Item „Service / Kundendienst“ eingeht und der Name damit beibehalten werden kann. In den zweiten Faktor gehen „Forschung und Entwicklung“, „Produktion“, „Marketing / Vertrieb“ und das „Personalmanagement“ ein. Sie werden als „Produktions- und Servicefunktionen“ zusammengefasst. Im ersten und letzten zu benennenden Faktor gehen „Einkauf / Beschaffung“, „Logistik“, „Controlling“ sowie die „Finanzen“ ein. Sie werden folglich als „Logistik und kaufmännische Funktionen“ zusammengefasst.

4. Diskussion und kritische Reflektion der Ergebnisse

Die Inhalte und Ergebnisse dieser Arbeit sind einer kritischen Betrachtung zu unterziehen.

Untersucht wurde ein Datensatz, welcher im Jahr 2005 von der IMAD GmbH durch eine Umfrage an 500 Geschäftsführern von österreichischen KMU erhoben wurde.
Die deskriptiven Analysen des Datensatzes haben dabei ergeben, dass der Datensatz sowohl mit Blick auf die Betriebsgrößenklassen als auch der Länder- und Branchenverteilung ein insgesamt repräsentatives Bild für die Gesamtlage der österreichischen KMU abbildet.
Darüber hinaus soll im Rahmen dieser Diskussion an die in Kapitel 2 gestellten Fragestellungen angeknüpft werden. Hier wurde zunächst die Frage aufgeworfen, inwiefern die befragten österreichischen Geschäftsführer die gleichen Herausforderungen für ihre jeweiligen Unternehmen erkannt haben, wie jene, die in Kapitel 2 diskutiert wurden. Im Rahmen der Analyse des Datensatzes wurde festgestellt, dass der Preiswettbewerb als die größte wettbewerbsrelevante Herausforderung betrachtet wird. Es folgten die Herausforderungen des Qualitätswettbewerbs sowie die Veränderung der Kundenstruktur, -ansprüche und -erwartungen. Als am wenigsten wettbewerbsrelevant wurde dahingegen die sinkende Bereitschaft der Mitarbeiter betrachtet, sich langfristig an das Unternehmen zu binden. Dies deckt sich nur zum Teil mit den in Kapitel 2 erarbeiteten Herausforderungen für österreichische KMU. Hier wurden vor allem der Fachkräftemangel, die Digitalisierung sowie die vermehrte Bürokratie als wesentliche Herausforderungen erörtert. Ein Grund für diese Abweichung könnte das Alter des untersuchten Datensatzes sein, da die Rahmenbedingungen im Jahr 2005 noch deutlich Andere waren als dreizehn Jahre später. So steckte die Digitalisierung zum Zeitpunkt der Erhebung noch in den Kinderschuhen und wurde demnach auch nicht als wesentliche Herausforderung betrachtet. Auch war die Bindung der Mitarbeiter an die jeweiligen Unternehmen noch größer, da die Möglichkeiten des Personalmarketings und -recruitings noch nicht so stark ausgeprägt waren wie damals. Die aktuelle Relevanz dieses Fragebogenabschnitts ist daher kritisch zu hinterfragen.
Des Weiteren wurde im theoretischen Teil dieser Arbeit erörtert, dass die Kunden durch den vermehrten Wettbewerb im Rahmen der Globalisierung und Digitalisierung, eine stärkere Position zur Selektion der Anbieter erhalten. Dies deckt sich mit der angegebenen Ausrichtung der internen Funktionen der befragten Unternehmen. Die interne Funktion Service und Kundendienst wurde hier unternehmensübergreifend als das wichtigste Kriterium zur Erreichung oder Erhaltung einer optimalen Wettbewerbsposition angegeben. Nichtsdestotrotz wäre eine Überprüfung dieses Ergebnisses notwendig, um tatsächliche Aussagen über eine aktuelle Relevanz ableiten zu können.
Zuletzt wurde im theoretischen Teil dieser Arbeit diskutiert, dass der demographische Wandel sowie die Zunahme an Möglichkeiten für einen Berufswechsel das Risiko für einen Fachkräftemangel erhöhen. Das Ergebnis des dritten Fragebogenteils unterstreicht die Relevanz dieser Herausforderung, da sich aus der Umfrage ergaben hat, dass die Qualifikationen, Kompetenzen

und Erfahrungen der Mitarbeiter zu den wichtigsten unternehmensspezifischen Kompetenzen zählen. Es steht außer Frage, dass die Qualität der Dienstleistungen und Produkte, welche unternehmensübergreifend als wichtigste Kompetenz angegeben wurde, stark von den Beschäftigten des Unternehmens abhängt. Der Kampf um qualifizierte Fachkräfte ist somit damals wie heute von hoher Relevanz.
Zusammengefasst muss jedoch in Anbetracht des Datensatzalters festgehalten werden, dass zur Ableitung einer aktuellen Relevanz der Untersuchungsergebnisse, ergänzende Forschungsarbeiten durchgeführt oder herangezogen werden sollten.

5. Zusammenfassung und Fazit

Themenstellung dieser Arbeit war die Analyse der Wettbewerbsfähigkeit Kleiner und Mittlerer Unternehmen in Österreich. Es handelt sich hierbei um eine Unternehmensgruppe, die für etwa zwei Drittel der österreichischen Bruttowertschöpfung und zu etwa gleichen Teilen auch die Beschäftigung der österreichischen Bevölkerung absichert.
Im Verlauf dieser Arbeit dieser Arbeit wurden zunächst die besonderen Herausforderungen für die Gruppe der KMU diskutiert. Hierbei wurden der demographische- und der digitale Wandel, neben der stetigen Zunahme an Bürokratie, als die relevantesten Zukunftsthemen für KMU erörtert, da diese einen maßgeblichen Einfluss auf die Wettbewerbsfähigkeit der Unternehmen und damit auch des gesamten Landes haben oder haben werden.
Zur Analyse der relevanten Faktoren des Wettbewerbs wurde ein Datensatz analysiert, welcher im Jahr 2005 von der IMAD GmbH durch eine Umfrage an 500 Geschäftsführern von österreichischen KMU erhoben wurde. Die Ergebnisse dieser Analyse wurden sodann einer kritischen Betrachtung unterzogen. Hierbei wurde festgestellt, dass die aktuelle Relevanz der Umfrageergebnisse aufgrund des Datensatzalters kritisch hinterfragt werden muss, die Umfrage jedoch zum damaligen Zeitpunkt durchaus repräsentativ die wirtschaftliche Gesamtlage der österreichischen KMU widergespiegelt hat. Hieraus ergibt sich die Empfehlung zur Durchführung ergänzender Forschungsarbeiten zur Erhebung neuerer Daten, um dadurch Aussagen zur aktuellen Relevanz der hier untersuchten Daten ableiten zu können.

Literaturverzeichnis

(1) Bücher/Monografien

Feldmeier G., Lukas W., Simmet H. (2015), Globalisierung KMU – Entwicklungstendenzen, Erfolgsrezepte und Handlungsempfehlungen, Wiesbaden.

Immerschnitt W., Stumpf M. (2014), Employer Branding für KMU. Der Mittelstand als attraktiver Arbeitgeber, Wiesbaden.

Leonhart R. (2014), Quantitative Verfahren II, Studienbrief 1149-01, SRH Fernhochschule, Riedlingen.

Lombriser R., Abplanalp P., Wernigk K. (2011), Strategien für KMU, Zürich.

North K., Vavakis G. (2016), Competitive Strategies for Small and Medium Enterprises, Heidelberg / New York / Dordrecht / London.

Schäfer T. (2016), Methodenlehre und Statistik, Einführung in Datenerhebung, deskriptive Statistik und Inferenzstatistik, Wiesbaden.

(2) Broschüren von Institutionen

Söllner R. (2014), Die wirtschaftliche Bedeutung kleiner und mittlerer Unternehmen in Deutschland, Statistisches Bundesamt, Wiesbaden.

Neubauer T., Zoder M. (2016), Mittelstandsbericht 2016, Österreichisches Bundesministerium für Wissenschaft, Forschung und Wirtschaft, abgerufen unter:
https://www.bmdw.gv.at/Unternehmen/Documents/Mittelstandsbericht_barrierefrei_15.11_Version3.pdf
abgerufen am: 05.02.2018.

WKO (2018), Wirtschaftskraft KMU 2018, Wirtschaftskammern Österreichs, abgerufen unter:
https://news.wko.at/news/oesterreich/wko-analyse-wirtschaftskraft-kmu2018.pdf
abgerufen am: 05.02.2018.

(4) Quellen und Artikel aus dem Internet

BMDW (2018), Österreichisches Bundesministerium für Digitalisierung und Wirtschaftsstandort, In: https://www.bmdw.gv.at/Unternehmen/UnternehmensUndKMU-Politik/Seiten/KleineundmittlereUnternehmeninOesterreich_FactsandFeatures.aspx
abgerufen am: 10.02.2018.

Keller D. (2015), Welcher Post-Hoc-Test ist der Richtige?, In: http://www.statistik-und-beratung.de/2015/01/welcher-post-hoc-test-ist-der-richtige/, abgerufen am: 16.02.2018.

KMU Forschung Austria (2018), Austrian Institute for SME Research, In:
http://www.kmuforschung.ac.at/index.php/de/beschaeftigung-und-arbeitsmarkt

abgerufen am: 07.02.2018.

Statista (2018), Bevölkerung Österreichs nach Bundesländern Jahresbeginn 2018, In: https://de.statista.com/statistik/daten/studie/75396/umfrage/entwicklung-der-bevoelkerung-in-oesterreich-nach-bundesland-seit-1996/
abgerufen am: 05.02.2018

Tausch A. (2017), Folien zur Präsenz am 11.11.2017 in Heidelberg, abgerufen unter: https://www.mu-campus.de/pluginfile.php/52259/mod_resource/content/1/Folien_Pr%C3%A4senz.pdf
abgerufen am: 04.02.2018

Anlagen

Methodenübersicht für Verfahren der Inferenzstatistik (Quelle: *Tausch A.* (2017)):

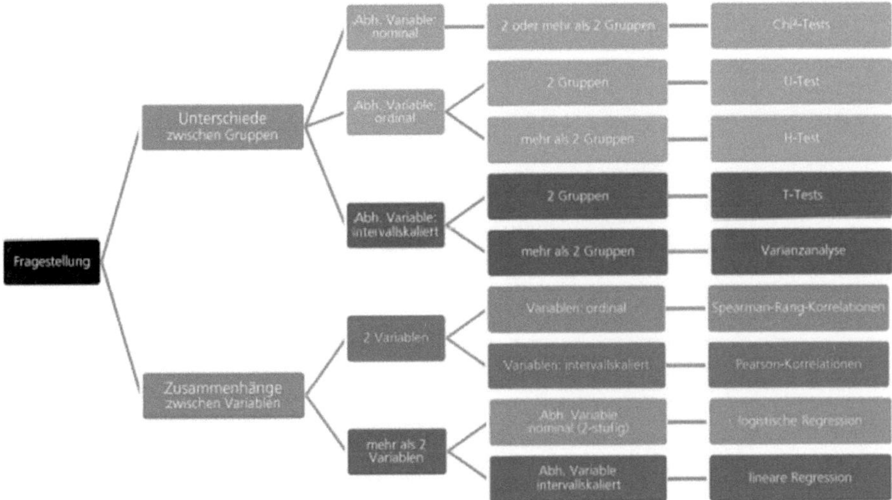

Abschnitt 1 und -2 des Fragebogens:

1 Wettbewerbsrelevante Herausforderungen Der Wettbewerbsdruck unseres Unternehmens lässt sich am besten durch folgende Herausforderungen beschreiben:	Nicht beurteilbar	stimme voll und ganz zu	stimme eher zu	teils/teils	stimme eher nicht zu	stimme gar nicht zu
1.1 Internationalisierung / Globalisierung	☐					
1.2 Preiswettbewerb	☐					
1.3 Qualitätswettbewerb	☐					
1.4 Innovationswettbewerb	☐					
1.5 Schrumpfende Märkte	☐					
1.6 Veränderung der Kundenstruktur, -ansprüche und -erwartungen	☐					
1.7 Erhöhte Finanzierungsanforderungen (z. B. Basel II)	☐					
1.8 Zuwenig qualifiziertes Personal verfügbar	☐					
1.9 Konzentrationstendenzen / Fusionen von Lieferanten, Wettbewerbern und Abnehmern	☐					
1.10 Grundlegende Änderung von gesetzlichen Regelungen, steuerlichen und rechtlichen Vorgaben / Vorschriften	☐					
1.11 Neue Produkt- und Fertigungstechnologien	☐					
1.12 Steigende Personalkosten	☐					
1.13 Sinkende Bereitschaft der Mitarbeiter, sich langfristig an das Unternehmen zu binden	☐					
1.14 Steigende Ansprüche der Mitarbeiter an ihre Arbeit	☐					
1.15 Zunehmende Freizeitorientierung der Mitarbeiter	☐					
1.16 Wachsende Ansprüche der Vereinbarkeit von Familie und Beruf	☐					
1.17 Zunehmende Funktionalität, Komplexität und Zahl der IT-Systeme	☐					
1.18 Weitere:	☐					
1.19 Weitere:	☐					

2 Wettbewerbsfähigkeit aufgrund interner Funktionen Für die Erreichung bzw. Erhaltung einer optimalen Wettbewerbsposition unseres Unternehmens sind in besonderem Maße folgende betrieblichen Funktionen von Bedeutung:	Nicht beurteilbar	sehr wichtig	wichtig	teils/teils	weniger wichtig	unwichtig
2.1 Service / Kundendienst	☐					
2.2 Marketing / Vertrieb	☐					
2.3 Produktion	☐					
2.4 Einkauf / Beschaffung	☐					
2.5 Logistik	☐					
2.6 Controlling	☐					
2.7 Finanzen	☐					
2.8 Personalmanagement	☐					
2.9 Forschung und Entwicklung	☐					
2.10 Weitere:	☐					
2.11 Weitere:	☐					

Abschnitt 3, -5 und 10 des Fragebogens:

3 Wettbewerbsfähigkeit aufgrund unternehmensspezifischer Kompetenzen Die Wettbewerbsfähigkeit unseres Unternehmens wird in hohem Maße dadurch bestimmt, dass wir bei den folgenden Wettbewerbsfaktoren besser sind als unser wichtigster Mitbewerber. Kreuzen Sie bitte jeweils die Bedeutung, d.h. die Wichtigkeit der jeweiligen Erfolgsfaktoren für die Wettbewerbsfähigkeit Ihres Unternehmens, an:	Nicht beurteilbar	sehr wichtig	wichtig	teils/teils	weniger wichtig	unwichtig
3.1 Breite des Produktsortiments bzw. des Dienstleistungsangebots	☐					
3.2 Zusatzangebote wie Service, Wartung, Betreuung, Training	☐					
3.3 Qualität der Dienstleistungen und Produkte	☐					
3.4 Fähigkeit, Kundenbedürfnisse schnell zu erkennen und in neue Produkte umzusetzen	☐					
3.5 Niedriger Preis	☐					
3.6 Niedrige Kosten (Produktions-, Entwicklungs- und Projektkosten)	☐					
3.7 Breiter Vertrieb, d.h. dichtes Händlernetz	☐					
3.8 Schnelle und pünktliche Lieferung	☐					
3.9 Image und Bekanntheitsgrad des Unternehmens: Stärke der Marke	☐					
3.10 Intensive Werbung	☐					
3.11 Qualifikationen, Kompetenzen und Erfahrungen der Mitarbeiter	☐					
3.12 Motivation und Loyalität der Mitarbeiter	☐					
3.13 Flexible interne Organisation und Arbeitsabläufe	☐					
3.14 Absicherung von Innovationen durch Patente / Rechte	☐					
3.15 Ein Netzwerk mit Kooperationspartnern, Subunternehmern, freiberuflichen Mitarbeitern	☐					
3.16 Qualität der Mitarbeiterführung	☐					
3.17 Definition einer Unternehmensstrategie	☐					
3.18 Kompetenz der Unternehmensleitung / Geschäftsführung	☐					
3.19 Weitere:	☐					
3.20 Weitere:	☐					

5 Erfahrungen mit aktuellen Managementkonzepten Welche der folgenden Managementkonzepte haben Sie in Ihrem Unternehmen eingesetzt, um die Wettbewerbsposition Ihres Unternehmens zu verbessern? (Mehrfachnennungen möglich)	Nicht beurteilbar	Unternehmensweit erprobt	In kleineren Einheiten erprobt	Experimentierstadium
5.1 Qualitätsmanagement	☐			
5.2 Prozessmanagement	☐			
5.3 Projektmanagement	☐			
5.4 Wissensmanagement	☐			
5.5 IT-Management	☐			
5.6 Strategisches Management	☐			
5.7 Performance Management	☐			
5.8 Lean Management	☐			
5.9 Change Management / Organisationsentwicklung	☐			
5.10 Personalentwicklung	☐			
5.11 Weitere:	☐			
5.12 Weitere:	☐			

10 Statistische Angaben

Um branchenspezifische Analysen der Wettbewerbsfähigkeit vornehmen zu können, bitten wir Sie, diesen Block auszufüllen:

10.1 **Betriebsgrößenklasse**

Wie viele Mitarbeiter hat Ihr Unternehmen?

- ☐ bis einschließlich 9 Mitarbeiter
- ☐ von 10 bis 49 Mitarbeiter
- ☐ von 50 bis 249 Mitarbeiter

10.2 **Rechtsform**

- ☐ Personengesellschaft (z. B. GesbR, OHG, KG, KEG, OEG, EEG)
- ☐ GmbH
- ☐ Aktiengesellschaft

10.3 Wie hat sich der **Umsatz** in den letzten fünf Jahren entwickelt? (Bitte Zahl ergänzen)

- ☐ Zunahme um ca. ________ %
- ☐ gleichgeblieben
- ☐ Abnahme um ca. ________ %

10.4 Wie hat sich der **Gewinn** vor Steuern in den letzten fünf Jahren entwickelt? (Bitte Zahl ergänzen)

- ☐ Zunahme um ca. ________ %
- ☐ gleichgeblieben
- ☐ Abnahme um ca. ________ %

10.5 Wie hat / haben sich der **Marktanteil** / die Marktanteile in den letzten fünf Jahren entwickelt? (Bitte Zahl ergänzen)

- ☐ Zunahme um ca. ________ %
- ☐ gleichgeblieben
- ☐ Abnahme um ca. ________ %

10.6 Branchenzugehörigkeit

Welcher **Branche** ist Ihr Unternehmen zuzuordnen? Bitte nur eine Antwort ankreuzen!

- ☐ Herstellung von Nahrungs- u. Genussmitteln u. Getränken
- ☐ Be- u. Verarbeitung von Holz
- ☐ Herstellung von Chemikalien und chemischen Erzeugnissen
- ☐ Herstellung von Metallerzeugnissen
- ☐ Maschinenbau
- ☐ Herstellung von sonstigen Erzeugnissen
- ☐ Bauwesen
- ☐ Kfz-Handel; Reparatur von Kfz; Tankstellen
- ☐ Einzelhandel (o. Kfz, o. Tankst.); Reparatur von Gebrauchsgegenständen
- ☐ Datenverarbeitung und Datenbanken
- ☐ Erbringung von unternehmensbezogenen Dienstleistungen

10.7 **Bundesland**

- ☐ Burgenland
- ☐ Kärnten
- ☐ Niederösterreich
- ☐ Oberösterreich
- ☐ Salzburg
- ☐ Steiermark
- ☐ Tirol
- ☐ Vorarlberg
- ☐ Wien